数码单反主题摄影全攻略

佳影在线 编著

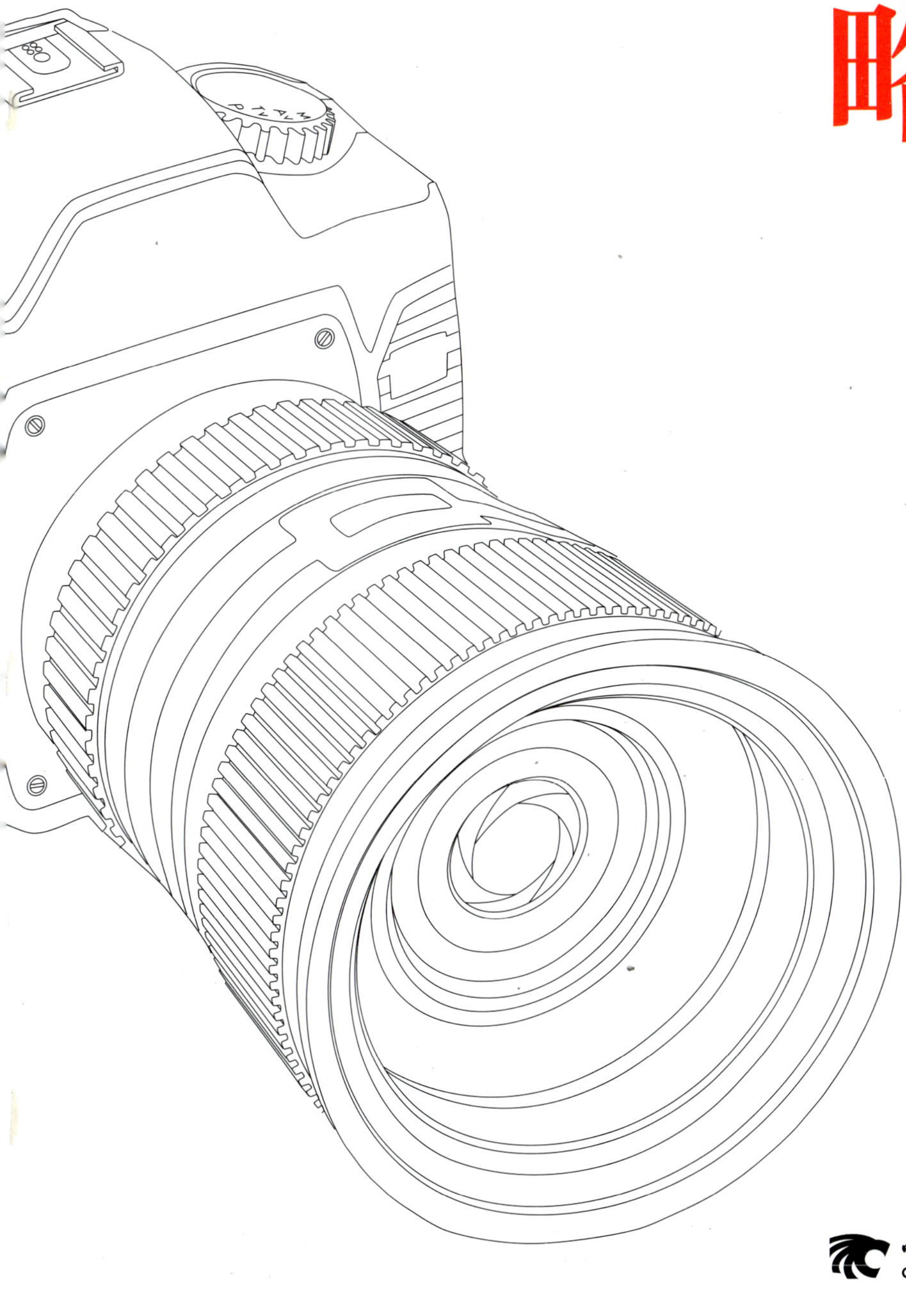

中国青年出版社
CHINA YOUTH PRESS
中青雄狮

律师声明

北京市邦信阳律师事务所谢青律师代表中国青年出版社郑重声明：本书由著作权人授权中国青年出版社独家出版发行。未经版权所有人和中国青年出版社书面许可，任何组织机构、个人不得以任何形式擅自复制、改编或传播本书全部或部分内容。凡有侵权行为，必须承担法律责任。中国青年出版社将配合版权执法机关大力打击盗印、盗版等任何形式的侵权行为。敬请广大读者协助举报，对经查实的侵权案件给予举报人重奖。

短信防伪说明

本图书采用出版物短信防伪系统，读者购书后将封底标签上的涂层刮开，把密码（16位数字）发送短信至106695881280，即刻就能辨别所购图书真伪。移动、联通、小灵通用户发送短信以当地资费为准，接收短信免费。短信反盗版举报：编辑短信"JB，图书名称，出版社，购买地点"发送至10669588128。客服电话：010-58582300

侵权举报电话

全国"扫黄打非"工作小组办公室　　　中国青年出版社
010-65233456　65212870　　　　　　010-59521012
http://www.shdf.gov.cn　　　　　　　Email: cyplaw@cypmedia.com　MSN: cyp_law@hotmail.com

图书在版编目（CIP）数据

数码单反主题摄影全攻略 / 佳影在线编著. —北京：中国青年出版社，2010.12
ISBN 978-7-5006-9772-5
I.①数… II.①佳… III.①数字照相机：单镜头反光照相机－摄影技术　IV.①TB86②J41
中国版本图书馆CIP数据核字（2010）第250725号

数码单反主题摄影全攻略

佳影在线　编著

出版发行：中国青年出版社
地　　址：北京市东四十二条21号
邮政编码：100708
电　　话：（010）59521188 / 59521189
传　　真：（010）59521111
企　　划：北京中青雄狮数码传媒科技有限公司

责任编辑：肖　辉　杨昕宇　李雁滨　林　杉
封面设计：刘　娜

印　　刷：北京建宏印刷有限公司
开　　本：787×1092　1/16　印张：19.5
版　　次：2011年1月北京第1版
印　　次：2011年1月第1次印刷
书　　号：ISBN 978-7-5006-9772-5
定　　价：79.00元（附赠1DVD，含视频教学）

本书如有印装质量等问题，请与本社联系
电话：(010) 59521188 / 59521189　　读者来信：reader@cypmedia.com
如有其他问题请访问我们的网站：www.21books.com
"北京北大方正电子有限公司"授权本书使用如下方正字体
封　面：方正兰亭粗黑简 方正兰亭纤黑简 方正兰亭黑简 方正粗雅宋简

Preface 前言

当数码单反相机低调而飞快地占领家用相机市场时,毫无疑问,整个数码影像领域再次迎来了前所未有的发展期。摄影,这一曾经专属于新闻媒体和艺术家的行为,正逐渐变得亲民而时尚。如今,每个普通人都拥有了在摄影领域获得成功的无限可能。

数码单反相机,从字面上解释就是使用了单反技术的数码相机。作为专业级的数码相机,用数码单反相机拍摄出来的照片无论是在清晰度还是照片质量上都是普通家用相机无法比拟的,其卓越的性能让每一个拍摄者都为之着迷。此外,单镜头反光的取景方式意味着其不同于家用相机的专业定位,即使是面向普通用户和摄影爱好者的单反产品,也拥有大量过人之处,令普通家用相机难以望其项背。

与此同时,摄影观念也随着数码技术的发展而迅速改变,按下快门已经成为许多摄影爱好者生活的一部分。家人、朋友、街道、公园……生活中充满了各种各样的拍摄对象和拍摄机会。数码技术的发展让摄影变得日益轻松和简单,我们随时都可以通过影像来传递自己的思想,表达自己的情绪,同时也拥有了更多的渠道去交流、展示自己的作品。

随着摄影的普及,人们对于摄影作品的美学要求也越来越高,但如何运用繁杂的摄影技法表现拍摄题材塑造个性化的风格、获得高水平的摄影作品,却不是每个拍摄者都真正清楚的。在这样的情况下,这本《数码单反主题摄影全攻略》应运而生。书中选取了当前摄影实践中最为常见的拍摄主题,涉及风光摄影、生态摄影、人像摄影、城市建筑与夜景暗光摄影、纪实摄影、广告商品与家居艺术摄影六大类别,以拍摄计划和实拍攻略的形式深入展开每一个主题,为摄影爱好者提供最清晰的拍摄思路和最实用的拍摄技法。大量精美的摄影作品,一定会给读者带来不一样的视觉冲击。

本书以摄影理论为基础,以每次拍摄计划中的高水平摄影作品为参照,提取实际拍摄中最有效同时又最容易被拍摄者忽略的知识点逐一分析讲解。书中通俗易懂地介绍了获得高品质影像作品的快捷方法,并在每章最后概括性地介绍了各种拍摄器材的使用技巧和用光、构图等美学原理。本书的写作结构旨在帮助摄影爱好者轻松愉快地完成一次次"真正"的实拍操作,从而有效提升自己的拍摄水平。

希望热爱摄影的人们通过阅读本书能真正掌握有效实用的拍摄技术,也希望有更多的摄影爱好者能够走上准专业甚至专业摄影师的道路,在摄影水平上获得提升;更重要的是,能在拍摄的过程中收获更多的乐趣。我们相信,只要保持兴趣,不断学习,拓展自我,每一个摄影爱好者都能在摄影的道路上获得真正的成功。

佳影在线

目录 Contents

数码单反主题摄影「全攻略」

PART 1 风光摄影

14 镜头里的海洋天堂——大海

14 **基本拍摄计划**
- 14 拍摄日出时色彩绚丽的天空
- 14 拍摄趣味十足的海滩活动
- 14 拍摄动静皆宜的潮汐景象
- 14 拍摄脚印、贝壳等零碎记忆
- 14 拍摄暮色下的海边落日美景

15 **实战操作步骤**
- 15 **1.** 针对想要拍摄的照片，携带相应的摄影器材
- 16 **2.** 好的开始是成功的一半，拍摄日出时色彩绚丽的天空
- 17 **3.** 充分利用画面元素，拍摄趣味十足的海滩活动
- 19 **4.** 动静皆宜的惊喜发现，动感潮汐带来更多拍摄机会
- 20 **5.** 人潮散去后的零碎记忆，让镜头诉说细节里的海洋故事
- 21 **6.** 暮色下的压轴节目，迷人的落日美景

22 银装素裹的冰雪世界——雪景

22 **基本拍摄计划**
- 22 拍摄独具特色的雪景植物
- 22 拍摄层次丰富的海边雪景
- 22 拍摄逆光下的动人画面
- 22 拍摄具有写意风格的人文景观

23 **实战操作步骤**
- 23 **1.** 充分的防冻措施，为拍摄提供安全保障
- 24 **2.** 把握植物的姿态语言，让雪景中的植物更生动
- 26 **3.** 不同色系的真实演绎，刻画海边雪景的层次
- 27 **4.** 抓住亮眼的光线效果，拍摄逆光下的动人画面
- 29 **5.** 写意的雪后人文景观，独特视角增添画面趣味

30 苍穹下，牧歌一曲——草原

30 **基本拍摄计划**
- 30 拍摄草原和天空的壮美风景
- 30 拍摄以色彩为主的草原景观
- 30 拍摄草原水景的奇妙风情
- 30 拍摄独具特色的草原生活

31 **实战操作步骤**
- 31 **1.** 初入草原，长焦镜头集聚壮美风景
- 33 **2.** 漫步草原，丰富色彩成为画面主角
- 34 **3.** 意外惊喜，光影交织的草原水景
- 36 **4.** 深入体验，独特视角记录草原生活

38 纯美动人泸沽湖——湖泊

38 基本拍摄计划
- 38 ● 拍摄独具风情的湖泊水面
- 38 ● 拍摄不同时段的湖岸天空
- 38 ● 拍摄配有前景的湖泊景色
- 38 ● 拍摄湖岸人家的风土民情

39 实战操作步骤
- 39 **1.** 把握质感，表现不同光线下的湖泊水面
- 41 **2.** 水天相映，让魅力天空为湖泊景色加分
- 43 **3.** 善用前景，小巧景致让湖泊更有韵味
- 45 **4.** 融入生活，风土民情带来无限遐思

48 荒芜中的美景——沙漠

48 基本拍摄计划
- 48 ● 拍摄线条明显的沙丘
- 48 ● 拍摄具有沙漠风情的细节
- 48 ● 航拍沙漠中的全景和局部

49 实战操作步骤
- 49 **1.** 利用曲线凸显沙漠形态
- 51 **2.** 细节画面展现沙漠风情
- 54 **3.** 高位俯拍收录特色全景

56 小桥，流水，人家——江南水乡

56 基本拍摄计划
- 56 ● 拍摄湖岸停靠的船只
- 56 ● 拍摄水乡中独具特色的建筑
- 56 ● 拍摄清幽素雅的水乡小景

57 实战操作步骤
- 57 **1.** 湖岸船只彰显水乡活力
- 59 **2.** 特色建筑体现水乡风韵
- 61 **3.** 魅力小景汲取水乡精华

64 拍摄总结：风光摄影
- 64 ● 测光模式对画面曝光的影响
- 66 ● 风光摄影中用到的重要附件
- 68 ● 把握不同的构图表现手法

PART 2 生态摄影

72 宠物日记——猫咪

72 基本拍摄计划
- 72 ● 展现猫咪的可爱特质
- 72 ● 拍摄独特的猫咪肖像
- 72 ● 特写猫咪的眼神

73 实战操作步骤
- 73 **1.** 不同角度展现猫咪的可爱特质
- 74 **2.** 简单背景拍摄独特的猫咪肖像
- 76 **3.** 近距连拍捕捉猫咪的眼神

78 天使之舞——鸽子

78 基本拍摄计划
- 78 ● 拍摄鸽子的飞翔美姿
- 78 ● 拍摄鸽子的生活状态
- 78 ● 拍摄鸽子的外形特写

79 实战操作步骤
- 79 **1.** 选择对焦位置，拍摄飞翔美姿
- 81 **2.** 把握取景角度，拍摄生活状态
- 82 **3.** 巧妙利用环境，拍摄外形特写

84　虫虫总动员——昆虫
84　**基本拍摄计划**
- 84　● 拍摄昆虫的生活环境
- 84　● 拍摄昆虫的微距特写
- 84　● 创意构图拍出意境

85　**实战操作步骤**
- 85　**1.** 利用色彩和背景渲染昆虫的生活环境
- 87　**2.** 长焦拉近让昆虫的微小世界无限放大
- 89　**3.** 创意构图增添诗意感觉

92　芊芊荷影惹人怜——荷花
92　**基本拍摄计划**
- 92　● 拍摄不同焦段下的荷塘景象
- 92　● 拍摄千姿百态的荷花
- 92　● 拍摄荷花、荷叶相映成趣的画面
- 92　● 拍摄荷塘中的小景小物

93　**实战操作步骤**
- 93　**1.** 选择多个焦段，获得更多取景视角
- 95　**2.** 拍摄千姿百态的荷花，凸显花卉的色彩
- 97　**3.** 合理组织主体、陪体，让荷叶展现别样风情
- 99　**4.** 低角度抓拍小景小物，让荷塘的气息无处不在

100　浓妆淡抹总相宜——郁金香
100　**基本拍摄计划**
- 100　● 拍摄繁花似锦的美丽场面
- 100　● 拍摄不同角度下的花卉姿态
- 100　● 创意布局表现花卉色彩

101　**实战操作步骤**
- 101　**1.** 长焦镜头让纷繁的花朵在画面中更加饱满
- 103　**2.** 利用多角度的拍摄方法，展现花卉多样形态
- 105　**3.** 独具创意的画面布局让花卉色彩更加鲜艳

108　沉醉·胡杨林——枯木
108　**基本拍摄计划**
- 108　● 表现胡杨林的光影质感
- 108　● 拍摄胡杨林的剪影
- 108　● 黑白影调凸显胡杨林的顽强品格
- 108　● 不同景别塑造胡杨林的不同观感

109　**实战操作步骤**
- 109　**1.** 通透光线描绘胡杨林的光影质感
- 111　**2.** 逆光剪影勾勒胡杨林的个性姿态
- 114　**3.** 黑白影调凸显胡杨林的顽强品格
- 116　**4.** 不同景别营造胡杨林不同的视觉观感

118　绿之语——新叶
118　**基本拍摄计划**
- 118　● 拍摄光影效果出众的绿色植物
- 118　● 拍摄逆光下的另类植物特写
- 118　● 拍摄别有趣味的植物

119　**实战操作步骤**
- 119　**1.** 光影使绿叶给人清新的感受
- 121　**2.** 逆光角度强化绿叶色彩和形态
- 123　**3.** 不同背景塑造独特的植物

126　片片落叶都是情——秋叶
126　**基本拍摄计划**
- 126　● 拍摄秋叶红火繁盛的场景
- 126　● 拍摄逆光下的枫叶特写
- 126　● 创意手法拍摄秋日小景

127　**实战操作步骤**
- 127　**1.** 繁盛的秋叶传递浓烈的秋日气息
- 129　**2.** 逆光下的色彩让秋日感觉更强烈
- 130　**3.** 创意手法描绘浪漫的秋日遐思

132 **拍摄总结：生态摄影**
132 ● 掌握不同的对焦方法
134 ● 运用色彩丰富画面
136 ● 对比不同镜头的表现效果

PART 3 人像摄影

140 **我们的甜蜜与幸福——婚纱**
140 **基本拍摄计划**
140 ● 拍摄传统唯美的室内婚纱
140 ● 拍摄具有自然气息的外景婚纱
140 ● 拍摄具有情节元素的特色服饰婚纱
140 ● 拍摄新娘、新郎具有特色的个人照
141 **实战操作步骤**
141 1. 简单设备完成经典传统婚纱照
143 2. 美丽场景为婚纱外拍留下美好回忆
145 3. 变换服装道具，打造婚纱百变风格
147 4. 抓住机会拍摄新人单人照
148 5. 通过人物姿态设置故事情节

150 **恋恋心语——情侣**
150 **基本拍摄计划**
150 ● 拍摄具有青春气息的情侣姿态
150 ● 拍摄具有情节的情侣画面
150 ● 抓拍具有生活气息的情侣交流
150 ● 拍摄与合影配套但独具特色的单人照

151 **实战操作步骤**
151 1. 设计活泼的动作姿态，让青春气息扑面而来
153 2. 具有电影情节的画面，传递出情侣浓浓爱意
155 3. 抓拍自然的精彩瞬间，渲染甜蜜的画面感觉
157 4. 小道具展现人物魅力，为值得珍藏的青春留影

158 **夜·阑珊——夜景人像**
158 **基本拍摄计划**
158 ● 拍摄不同色温中的夜景人像
158 ● 拍摄不同光线下的夜景人像
158 ● 拍摄不同背景下的夜景人像
159 **实战操作步骤**
159 1. 改变色温塑造不同的夜景氛围
160 2. 控制光线拍摄清晰人像
163 3. 转换背景为人物增添更多韵味

166 **青春纪念册——少女**
166 **基本拍摄计划**
166 ● 拍摄人物可爱丰富的面部表情
166 ● 拍摄人物的不同姿态
166 ● 拍摄不同角度的局部特写
167 **实战操作步骤**
167 1. 丰富多变的表情是绝佳的拍摄题材
169 2. 灵活调整角度拍摄人物姿态
171 3. 富有魅力的局部特写增强人物美感

174	**宝贝时光——儿童**	189	**实战操作步骤**
174	**基本拍摄计划**	189	1. 利用线条展现教堂独特的建筑结构
174	● 多种角度拍摄儿童的生动表情		
174	● 借助玩具表现儿童的活泼天性	191	2. 合理曝光加强教堂室内的光线魅力
174	● 远距离拍摄儿童的自然神态	193	3. 捕捉人物活动渲染教堂氛围
175	**实战操作步骤**	194	4. 独特角度刻画教堂精致细节
175	1. 多种拍摄角度，记录儿童的纯真表情		
176	2. 搭配趣味玩具，表现儿童的活泼天性	196	**摩登时代——城市建筑**
178	3. 使用长焦镜头，抓拍玩耍中的儿童	196	**基本拍摄计划**
		196	● 拍摄不同角度的建筑特写
		196	● 拍摄城市建筑中的生活景象
180	**拍摄总结：人像摄影**	196	● 拍摄城市建筑全景
180	● 不同角度光线的照射效果	197	**实战操作步骤**
182	● 有效的补光工具	197	1. 选择不同角度展现建筑特色
184	● 不同照片风格的应用	199	2. 在城市生活中凸显建筑风格
		200	3. 多样光影氛围塑造建筑全景

PART 4　城市建筑与夜景暗光摄影

		202	**夜空不寂寞——烟花**
		202	**基本拍摄计划**
		202	● 拍摄较为简洁的烟花形态
		202	● 拍摄烟花与街景搭配的画面
		202	● 拍摄具有创意的烟花轨迹
		203	**实战操作步骤**
		203	1. 把握时机拍摄一朵或数朵烟花
		206	2. 让烟花与街景相互辉映
188	**建筑艺术的精华——教堂**	208	3. 多手法记录烟花在天空中的运动轨迹
188	**基本拍摄计划**		
188	● 拍摄教堂独特的建筑结构	210	**正是华灯初上时——都市夜景**
188	● 拍摄教堂中富有魅力的光线	210	**基本拍摄计划**
188	● 拍摄教堂内的人物活动	210	● 拍摄灯光装扮下的城市夜景
188	● 拍摄典型的教堂细节	210	● 随拍灯光迷离的城市街道
		210	● 拍摄夜色中质感丰富的路面
		210	● 拍摄慢速快门下的车流人流

211	**实战操作步骤**	234	**拼搏，就为这一次——运动**
211	1. 高角度拍摄迷离的城市夜景	234	**基本拍摄计划**
212	2. 低角度对焦灯光下的城市路面	234	● 拍摄运动场上的色彩元素
		234	● 拍摄具有动感的运动瞬间
214	3. 随性拍摄夜色氛围中的街头景象	234	● 拍摄非运动时间的细节场景
216	4. 慢速快门拍摄车流人影的特殊效果	235	**实战操作步骤**
		235	1. 捕捉运动场上鲜明的色彩元素
218	**拍摄总结：城市建筑与夜景暗光摄影**	236	2. 抓拍运动员充满动感的姿态
218	● 区别不同的拍摄视角	238	3. 对焦运动场上易被忽略的趣味细节
220	● 感光度对画面的影响		
221	● 高调、低调与黑白画面效果	240	**甜蜜时刻——婚礼跟拍**
222	● 结合快门线与三脚架完成暗光摄影	240	**基本拍摄计划**
		240	● 拍摄婚礼现场
		240	● 拍摄具有纪念意义的婚礼小品
		240	● 拍摄形象典型的捧花新娘
		241	**实战操作步骤**
		241	1. 充分的准备是拍好浪漫婚礼的前提
		243	2. 精彩小品渲染温馨氛围
		244	3. 跟随焦点记录全程甜蜜

PART 5 纪实摄影

		248	**小想法，大道理——观念**
226	**魅影传奇——舞台**	248	**基本拍摄计划**
226	**基本拍摄计划**	248	● 拍摄大量留白的观念作品
226	● 拍摄不同光线色彩下的舞台人物	248	● 拍摄多手法叠加的观念作品
226	● 拍摄舞台上常见的动态场面	248	● 拍摄超现实意味的观念作品
226	● 拍摄丰富多变的舞台背景	248	● 拍摄某一主题的观念作品
226	● 拍摄多样化的人物服饰	249	**实战操作步骤**
227	**实战操作步骤**	249	1. 合理留白，表现专业的摄影意境
227	1. 把握变幻的舞台灯光，塑造人物形象	251	2. 多法结合，让思想重心更加突出
229	2. 利用慢速快门为表演添加动态趣味	253	3. 超脱现实，轻松获得梦幻画面
230	3. 选择不同的舞台背景增强人物表现力	255	4. 统一主题，让观念照片更有力量
232	4. 准确测光表现独具特色的服饰		

258 流光掠影——街拍
258 基本拍摄计划
- 258 ● 拍摄富有趣味的城市风情
- 258 ● 拍摄具有温馨气息的街头小景
- 258 ● 拍摄具有人文气息的城市特色

259 实战操作步骤
- 259 1. 捕捉局部街景，衬托特色鲜明的城市风情
- 260 2. 选择独特视角，拍摄温馨的街头小景
- 262 3. 依靠长焦镜头抓拍，利用人文气息衬托城市风情

264 拍摄总结：纪实摄影
- 264 ● 合理应用不同的场景模式
- 266 ● 不同滤镜的选择与使用
- 268 ● 曝光补偿的充分运用

PART 6 广告商品与家居艺术摄影

272 女人香——时尚商品
272 基本拍摄计划
- 272 ● 拍摄女性化妆品
- 272 ● 拍摄女性首饰
- 272 ● 拍摄女性服饰

273 实战操作步骤
- 273 1. 巧妙搭配拍摄化妆用品
- 275 2. 简洁背景突出珠宝首饰
- 278 3. 合理用光拍摄服装鞋类

280 历史照进现实——艺术品
280 基本拍摄计划
- 280 ● 拍摄艺术品的细节特写
- 280 ● 拍摄艺术品的群体形态
- 280 ● 拍摄艺术品的不同质感

281 实战操作步骤
- 281 1. 细节中展现艺术品精致之美
- 283 2. 形态中展现艺术品形式之美
- 286 3. 光线中展现艺术品质感之美

288 雅致·温馨——家居
288 基本拍摄计划
- 288 ● 拍摄能够展现家居用品质感的画面
- 288 ● 拍摄时利用不同光线营造家居氛围
- 288 ● 拍摄家居用品时展现空间感
- 288 ● 拍摄家居用品时色彩的搭配和图案的创意

289 实战操作步骤
- 289 1. 不同的光质描绘出物体不同的质感
- 291 2. 运用色调赋予家居"性格"
- 292 3. 搭配色彩给家居增添更多亮点
- 294 4. 利用多角度线条展现家居空间
- 296 5. 独特眼光捕捉家居用品的抽象图案

| 298 | 我是美食家——美食 | 304 | 3. 改变色温让食物看上去更加美味 |

298 **基本拍摄计划**
298 ● 用不同的角度拍摄美食
298 ● 用不同的背景烘托美食
298 ● 用不同的色温表现美食

299 **实战操作步骤**
299 **1.** 灵活运用各种角度拍摄美食佳肴

301 **2.** 变换不同的背景让菜肴更有新意

306 **拍摄总结：广告商品与家居艺术摄影**
306 ● 白平衡与色温之间的关系
308 ● 柔光棚与背景的搭配
310 ● 相机与器材附件的清洁保养

PART 1 风光摄影

- 镜头里的海洋天堂——大海
- 银装素裹的冰雪世界——雪景
- 苍穹下,牧歌一曲——草原
- 纯美动人泸沽湖——湖泊
- 荒芜中的美景——沙漠
- 小桥,流水,人家——江南水乡

镜头里的海洋天堂——大海

说到海洋，每个人脑海中都会浮现出碧海蓝天、海天一色的美丽景色——洁白的浪花、金色的沙滩，碧蓝的海水，关于海洋的一切都是风光摄影师的心头大爱，也是绝佳的拍摄题材。今天，就让我们收拾行囊，拿起相机，一起用镜头展示心中的海洋天堂吧！

基本拍摄计划

BEST PLAN

- 拍摄日出时色彩绚丽的天空
- 拍摄趣味十足的海滩活动
- 拍摄动静皆宜的潮汐景象
- 拍摄脚印、贝壳等零碎记忆
- 拍摄暮色下的海边落日美景

BEST STEP 实战操作步骤

1. 针对想要拍摄的照片，携带相应的摄影器材

大海是一个丰富的拍摄资源，因此我们需要在拍摄前拟定拍摄计划。在拟定计划之前，首先要了解自己所选目的地的特色景观，从而选择合适的器材。通常情况下，拍摄大海多是表现壮丽广阔的场面，因此广角镜头比长焦镜头更适合，50mm标准镜头则可以让整个画面的透视比例看起来比较正常。如果是自己从未去过的海滨景点，常规准备总是稳妥而安全的，所以这次拍摄我决定携带一支广角-标准焦段的变焦镜头。

用压暗天空的方法拍摄多云的天空。

拍摄参数
光圈：F9.0　焦距：17mm
快门速度：1/180s
ISO：200　中央重点测光

使用偏振镜降低亮度
画面中天空的阳光比较强烈，拍摄时有一定难度，可在镜头前添加偏振镜或中灰渐变滤镜降低天空亮度。这两种镜片在多云的天气也同样适用，会渲染独特的画面氛围。

广角镜头让画面更宽广
结合广角镜头的使用，让海平面显得更加宽广，视线也向画面两侧无限延伸。

因为这次的拍摄是在海边，对设备的防水保护也显得尤其重要。海水的含盐量很高，对相机元件有很强的破坏性。如果有条件购买相机防水设备，完成一次水下拍摄就更完美了。但是要特别记得，计划只是给自己一个拍摄目标，在实际拍摄时可以根据实际情况不断调整和改变。

2. 好的开始是成功的一半，拍摄日出时色彩绚丽的天空

日出和日落是大自然的魔幻时间，在这个时间段我们不用费心去寻找画面主题，只需将镜头对准天空，合理安排画面，就可以轻松得到令人称赞的作品。在晴朗的天气，日出时分柔和的光线使得天空变幻的色彩得到自然的呈现，云也多以线状或放射状分布，形成天然的线条，指引观者的视线。拍摄时应充分利用广角镜头的优势，选择较高且无遮挡的地理位置，最大限度地表现日出的宏伟、壮阔。

借助放射性的云层突出日出时分的海景。

拍摄参数
光圈：F5.6　焦距：20mm
快门速度：1/60s
ISO：200　　中央重点测光

利用日出光线所带来的放射线条
由于太阳即将从海平面升起，此时的光线照射在海平面上方的云层上，会产生丰富的效果。抓住这一特点进行构图，可以使画面更具视觉冲击力。

错误白平衡破坏画面色调
日出时的光线色温较低，画面呈暖调。此时如果设置色温较高的白平衡模式，画面会偏蓝，不能呈现暖调效果。

在拍摄日出的时候，海平线的位置十分关键。由于是在海边拍摄日出，初升的太阳必定会在海面上形成倒影。海平线对画面的分割会使太阳和倒影在画面中占有不同的比例，从而产生不同的构图，这就意味着会营造出不同的画面效果。拍摄日出时在画面中巧妙避开或利用倒影，能给画面增添多种艺术效果。

拍摄日出时应适当减少曝光量，一般要比在陆地上拍摄减少1～2档才能让各种色彩得到充分的还原。例如在陆地上拍摄日出使用光圈F11、快门速度1/125s，那么在海边拍摄时只要使用光圈F16、快门速度1/125s就可以了。曝光过度很容易造成水面和太阳变成白茫茫的一片，使细节表现大打折扣。

海平线的不同位置带来不同的画面感受。

拍摄参数
光圈：F9.0　焦距：200mm
快门速度：1/350s
ISO：100　中央重点测光

拍摄参数
光圈：F11.0　焦距：500mm
快门速度：1/500s
ISO：自动　中央重点测光

海平线位于画面上方
较高的海平线突出的是海平线以下的画面部分，例如沙滩或水面等。

海平线位于画面下方
较低的海平线位置则比较侧重于表现海平线上方的景观，例如朝阳或天空。

通常来说，拍摄海面风光照片可以遵循以下的拍摄步骤：首先在取景器中对景物进行初步构图，同时观察画面颜色；然后选择合适的测光点，对测光区域进行测光并试拍一张；观察试拍画面，调整测光点和曝光量，重新构图，完成拍摄。

3.
充分利用画面元素，拍摄趣味十足的海滩活动

在海边沙滩上活动的人们，本身就显得更有活力、更加自然，也就有更多的兴趣点可供我们拍摄。除了海滩上人们进行的各种活动以外，颜色的搭配、景物形状的对比也是比较容易把握的拍摄点，拍摄时应注意颜色的搭配和协调，确保整体画面和谐、统一。

衣服和海面的颜色形成对比，使画面色彩更加丰富。

拍摄参数
光圈：F6.3　焦距：18mm
快门速度：1/125s
ISO：自动　中央重点测光

人物成为亮点

人物服饰的颜色与海水的颜色形成对比，成为画面的兴趣点，使人物更加鲜明、突出。

利用海滩上的景物作为陪体，与主体人物相呼应，使画面不显单调。

拍摄参数
光圈：F14.0　焦距：18mm
快门速度：1/800s
ISO：自动　中央重点测光

斜线构图为画面增添更多动感。

4.
动静皆宜的惊喜发现，动感潮汐带来更多拍摄机会

潮汐是最为频繁的海洋活动，许多摄影师喜欢拍摄的浪花也大多产生于潮汐。在对潮水进行拍摄时，不同的光线可以产生不同的拍摄效果。如逆光下能够拍出生动的浪花和光斑效果；侧光则能较好地体现潮水的层次和纹理。

在潮汐涨退的过程中，湿润的沙滩和岩石会展现不同的质感。水的柔软和岩石的坚硬形成的对比，动态的浪花和静态的海边建筑形成的对比，以及水面的反光形成的抽象画面，都具有较高的拍摄性。拍摄时要注意合理选择焦点和曝光，尤其是在明亮光线和暗部细节同时存在于画面时，可以使用包围曝光来尝试各种曝光值。在合适的焦点进行测光后半按快门锁定焦点，二次构图后完全按下快门完成拍摄。

把握准确的快门时间

表现动态水景，使用较快的快门速度（大概1/125s）能抓住水花的动态瞬间，具有较强的动感；而较慢的快门速度（慢于1/30s）能记录下水流的运动过程，带来朦胧、梦幻的美感。

拍摄参数
光圈：F8.0　焦距：17mm
快门速度：1/640s
ISO：100　矩阵测光

极具动感的潮水，色彩对比鲜明的画面。

光线突出线条感

利用侧光拍摄潮汐后的沙滩水迹，画面会呈现出一种抽象的效果。降低曝光补偿，可加强这一效果。

拍摄参数
光圈：F8.0　焦距：75mm
快门速度：1/80s
ISO：400　矩阵测光

侧光表现潮汐后静态的纹理线。

5. 人潮散去后的零碎记忆，让镜头诉说细节里的海洋故事

贝壳、渔船、棕榈树、脚印，如何组织常见的海滩元素是一个值得探究的话题。当我们行走在沙滩上时，到处都是可拍的各种美景，但是拍摄出来的照片效果却总是不尽如人意，原因就在于缺少有趣的"海洋特色"——细节。寻找细节的最终目的在于为画面增加亮点，避免单调。人们通常习惯在自然景色中避免人为的痕迹，但在海滨地区，人为痕迹却往往能为画面效果加分。

简单视角刻画海景细节

拍摄者使用俯角度拍摄左图，简单地将海滩上的贝壳、细纱等常见景物纳入画面，呈现出动人的小场景特点。

常见的海滩景物。

拍摄参数
光圈：F8.0　焦距：17mm
快门速度：1/640s
ISO：200　矩阵测光

海滩上的海藻形成自然的曲线线条

曲线构图使视线向远处延伸。

拍摄参数
光圈：F13.0　焦距：18mm
快门速度：1/640s
ISO：400　矩阵测光

借助景物引导观者的视线

拍摄者采用平视角度拍摄海滩上的海藻，深色的海藻与浅色的沙滩形成明暗对比，同时借助海藻在海滩上的分布形成曲线构图，引导观者的视线向远处延伸。

6. 暮色下的压轴节目，迷人的落日美景

在收拾行囊踏上归途之前，让我们再次为壮美的落日景色按下快门吧！日落前后的20分钟是最适合拍摄黄昏和晚霞的时段。晚霞和落日是极富画面感的景色，拍摄时注意云霞的线条、形状与落日搭配，会得到很好的效果，也更容易体现出云霞的层次和色彩变化。

因为落日的特殊光线效果，布置画面时将太阳安排在画面下方会更好，同时多拍摄几次以便得到正确的曝光数据，这时还可考虑使用闪光灯等补光装置。为了给画面增加一些兴趣点，可以在前景中有目的地添加些剪影效果，这样既不会影响画面主体，又丰富了画面内容。

借助白平衡增强画面色调
选择在日落前的10分钟进行拍摄，并设置高色温白平衡模式如阴天白平衡，可以使画面获得更暖的色调，从而更好地烘托气氛。

暖调的海边日落景色。

拍摄参数
光圈：F9.0　焦距：200mm
快门速度：1/500s
ISO：100　点测光

对人物测光无法获得剪影效果
如果针对人物进行测光，只能获得主体人物曝光正常，而天空过曝的画面，无法呈现出剪影效果。

逆光下的人物剪影。

拍摄参数
光圈：F5.6　焦距：17mm
快门速度：1/400s
ISO：200　中央重点测光

银装素裹的冰雪世界——雪景

一位有名的风光摄影师曾经说过,对于喜欢拍摄风光的摄影爱好者来说,冬天其实是最适合拍摄的季节。在冬季,天地被冰雪覆盖,大块的白色成为自然的纯色背景,使原本平常的物体也会呈现出不一样的视觉效果。再加上冬季的景区游人不多,更是为拍摄自然风光创造了有利条件。这一次,就让我们和摄影者一起来到大雪之后的北戴河,用镜头捕捉这个银装素裹的美丽世界。

基本拍摄计划

BEST PLAN

- 拍摄独具特色的雪景植物
- 拍摄层次丰富的海边雪景
- 拍摄逆光下的动人画面
- 拍摄具有写意风格的人文景观

实战操作步骤

1. 充分的防冻措施，为拍摄提供安全保障

在冬季进行户外拍摄对于相机性能来说是一个严峻的考验。在寒冷的天气中，相机电池可能无法正常供电，雪花和冰粒的撞击会对镜头造成损伤，而且回到室内时由于温差较大相机容易产生"结露"现象，对相机元件造成严重伤害。因此在冬季外出拍摄时，相机防冻是必须予以重视的一件事情，它将直接关系到拍摄计划的实现与否。

外出前需要先将数码相机的机身清理一下，去掉外表的汗渍、灰尘、油脂等，以免在低温中各种杂质凝结成冰晶，影响相机运作。可以用橡皮擦亮手柄和机身之间的触点和接口，以保证更可靠的连接；检查快门和反光镜等活动部件的工作状况，确保它们都处在正常状态。在较低的温度下，电池容量也会"缩水"不少，大概只有常温时的2/3。所以拍摄前应尽量将电池放入贴身衣袋，或靠近安全的取暖设备，多准备几组备用电池是十分有必要的。

由于冬季室内外温差较大，因此不宜直接把相机拿出来使用。最好连皮套和摄影包一起先放在室外片刻，等包内温度下降到和室外温度差不多时再拿出相机开始拍摄，尽量避免让相机短时间内在冷暖环境中频繁交替。如果相机外壳上含有金属部分，那么还要注意让金属部分和皮肤保持距离，否则如果皮肤和金属部分相互接触，有可能会发生粘连，对拍摄者造成伤害。

现在市场上出现了专门用于相机防寒的防寒罩，有条件的拍摄者可以购买，为相机提供更好的防寒保护。

查看取景器

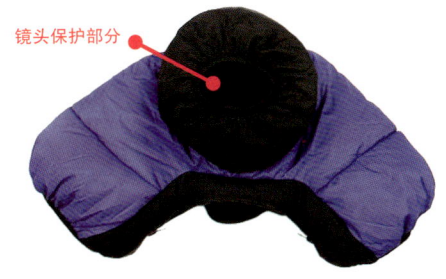

镜头保护部分

市场上可以买到的防寒罩具有高密度的保护材料，可以保护相机、镜头和拍摄者的手部，保证相机处于合适的工作温度中；防寒罩上有多个开口，方便拍摄者观察和操作。现在较好的防寒罩已经能适应零下20℃的恶劣拍摄条件，是风光摄影师经常使用的装备之一。

在雪天拍摄时也要注意防水。如果相机外壳上落上了雪块、冰块，一定要在户外及时清除，千万不要带回到温度较高的室内，否则雪块融化后的水有可能渗入相机内部，造成严重损坏。当拍摄者带着相机从非常寒冷的户外进入温度较高的室内时，相机会出现凝露或水汽现象，这种现象对相机元件的伤害也非常大。避免的方法是在进屋前将相机装入一个密封的塑料袋中，带入室内后放置一段时间，让相机逐渐升温，直到与室内温度差不多时再打开塑料袋。此时仍然不能马上开机，还要再放置一段时间，等相机温度和室内环境温度基本一致时，才可开机。

2. 把握植物的姿态语言，让雪景中的植物更生动

在冬季拍摄植物，不同于其他季节的拍摄，许多植物在特殊的天气状况中失去了斑斓的色彩和动人的细节。从某些方面上来说，画面会显得十分单调。但大自然总是公平的，在失去一部分的同时总会给予另一份回馈，植物的姿态美在此时得到了充分的展现。失去色彩对于画面主题的表达并没有影响，观者的注意力会集中在植物本身以及意境的营造上。只要把握好了这一点，我们仍然能够创作出具有吸引力的摄影作品。

清晰的层次展现使树木的形态更加突出。

拍摄参数
光圈：F10.0　焦距：18mm
快门速度：1/160s
ISO：200　　中央重点测光

选择正确的测光点
拍摄雪景时画面中常会出现一种色彩的多个层次，因此必须选择合适的测光点，使整幅画面都处于合理的曝光范围内。拍摄上图时选择了天空颜色最深的部分（接近于中灰）作为测光点，使画面的色彩得到准确还原。

✗ 为了正常的物体效果而倾斜镜头
树木因为承受冰雪的压力而往一边倾斜，自然的斜三角形在画面中形成稳定又不失趣味的效果。如果为了正常表现树木挺拔的姿态而倾斜镜头，拍摄为正三角形就失去了这种趣味。

利用植物本身的线条强调画面感觉

被白雪覆盖的树木枝干显露出黑色的线条，在纯色的背景中十分突出，呈现一种类似放射状的效果，给人挺拔向上的感觉。拍摄者采用竖画幅拍摄，使这种感觉得到强化。

凌厉陡直的线条给人挺拔向上的感觉

黑色枝干成为引导视线的画面线条。

拍摄参数
光圈：F10.0　焦距：18mm
快门速度：1/200s
ISO：200　　矩阵测光

拍摄冬季植物时，叶子、枝干及树皮都可作为很好的拍摄对象

树木的枝干可以利用剪影手法来表现，从而得到类似国画般的效果。想要得到这种效果，应对明亮的地方，比如天空测光并多次试拍。如果拍摄环境光线较暗，可以用内置闪光灯补光，以获得更加理想的剪影效果。

日间拍摄雪景植物时，地面的强烈反光会影响相机测光的准确度。如果不做任何调整，曝光就会偏向不足而令画面看起来偏暗，导致原本白色的雪地变成一片灰暗。因此可以说，准确的测光和曝光是拍摄雪景照片的关键。由于雪是白色，大面积的雪地反光会令相机的测光功能失效，这时需要拍摄者手动调整曝光补偿值才能获得理想的明暗层次。通常，我们遵循"白加黑减"的曝光补偿原则来进行调整。

3. 不同色系的真实演绎，刻画海边雪景的层次

在拍摄雪景时，没有放之四海而皆准的曝光规则。一般而言，有两种方法可以确保我们在拍摄时能达到最好的曝光效果，体现出雪景完美的层次。

第一种方法是将环境中的物体作为参考。比如灰色的相机包、灰色的屋顶或没有被大雪覆盖的石头等，因为它们能够接收和场景一样强度的光线。选择好参照物以后，要手动设置适当的镜头光圈和快门速度，切记不要使用自动曝光模式。

第二种方法是使用测光表测试光线强度。测光表是根据从天空照射下来的光线来确定光线的强度的，而不考虑景物对光线的反射率，因此被摄对象上的冰晶或地面上白雪产生的高反光就不会对测光结果产生影响。测光表的使用方法简单明了，得到的曝光数据比较准确，在风光摄影和大画幅摄影中被广泛使用。

通过正确曝光，保留了高反差画面中的绝大部分层次和画面细节。

拍摄参数
光圈：F9.0　焦距：200mm
快门速度：1/200s
ISO：200　矩阵测光

曲线的运用让层次更分明
画面中的自然环境明显分成5～6个层次，拍摄者利用海岸上自然形成的曲线形态加强了各个层次的表现，给人简洁而不单调的视觉感受。画面中的海鸥位于层次的临界点上，形象得到了突出。

晴天时雪地反光很大，在海滨地区尤其如此。水面的反光加上地面的反光，可能造成背景比主体还要亮的情况。此时使用偏振镜可以降低反差，减弱雪地亮度，使画面主体更加突出，同时偏振镜还可提高画面色彩的饱和度。

单色系也可以刻画层次

即使不使用黑白模式拍摄雪景，也可以营造出黑白照片的画面效果，这一点在右图中体现得十分明显。当画面中出现的色彩较少时，应避免使用大面积的色块，尽量选择合适的拍摄角度用小面积的色彩勾勒出主体的层次。例如右图中石头的纹理、裂纹、缝隙等，都是靠依附在上面的点点白雪体现的，这比只是简单地从正面拍摄石头上覆盖着一大片白雪的效果要好得多。

从侧面拍摄石头，石头的缝隙中覆盖着白雪，勾勒出黑白色彩中的丰富细节。

拍摄参数
光圈：F10.0　焦距：18mm
快门速度：1/200s
ISO：200　　矩阵测光

4. 抓住亮眼的光线效果，拍摄逆光下的动人画面

雪是白色的晶体，当它覆盖在物体上时，自然环境中原本色调深浅不一的物体就都变成白色的色块，因此拍摄雪景就是拍摄以白色部分为主体的自然景色，这样的画面通常可以带给人纯洁、可爱的感觉。由于雪景中白色部分占据的面积较大，也就意味着反光率比其他景物大，在有太阳光线照射时，画面的反差就更加强烈。因此，想要表现出雪景的明暗层次以及被冰雪包裹的物体的透明质感，运用逆光或侧逆光拍摄最为适宜。这样可以更好地表现所要拍摄景物的明暗层次和透明质感，整个画面的色调也会更加富于变化。

拍摄雪景，最好选择在雪后的晴天，如果可以赶上清晨的光线则更好。在阳光下，运用逆光和侧逆光，即使是远景也能产生深远的意境。如果用黑白模式拍雪景，应注意压低天空亮度，减弱雪地亮度，使景物影调柔和。若用彩色模式拍摄雪景，最好使用偏振镜，以吸收白雪反射的偏振光，降低亮度，调节影调。拍摄时，要注意降低曝光值，因为相机本身的测光值往往会造成雪景曝光过度，同时也要避免眩光的出现。此外，还要给予背景充分合理的表现，最大限度地丰富画面内容。

斜线构图营造动感

拍摄时采用斜线开放式构图，为观者营造出一种动感的效果，好像细小的雪花随时都会随风飞去。同时开放式构图使观者的视线顺着画面中的主体向画面外蔓延，并在脑海中勾勒出植物的形态和所处的环境，增添了画面的美学情趣。

使用大光圈充分突出主体，背景的虚化效果既合理地烘托了植物，又增添了画面的色彩元素。

拍摄参数
光圈：F1.8　焦距：35mm
快门速度：1/80s
ISO：200　矩阵测光

斜线构图增强动感

利用色温营造氛围

低色温拍摄雪景，会让画面具有一种日出日落时的暖色调，带来一些不同于冬天的温暖感受。拍摄者可以灵活调节色温，大胆拍摄。

用小光圈拍摄植物特写

拍摄植物特写，使用小光圈会将主体和背景都清晰展现，这对于表现背景很明亮的雪景来说并不适合。背景太过明亮会将观者的注意力转移到与主体无关的其他景物上。

低色温的暖色调带来不一样的雪景感受。

5. 写意的雪后人文景观，独特视角增添画面趣味

大雪后的街道、马路等人文景观，既包含了富有内涵的人为痕迹，又保留了自然景观，这样的组合常常会在画面中呈现出独特的视觉趣味。拍摄时，仍然要注意对画面中各部分的合理曝光，并根据不同的拍摄主体选取合理的取景角度和拍摄距离。

利用自然线条让画面更有条理

右图中脚印本身是具有纵向感的指向性元素，拍摄时稍微改变角度，让楼梯上没有被雪覆盖的横向线条与脚印相呼应，在为画面增添趣味感的同时也让照片看起来更加真实。

拍摄雪后充满脚印的台阶，线条对比增添画面趣味。

拍摄参数
光圈：F4.5　焦距：50mm
快门速度：1/400s
ISO：100　矩阵测光

主陪体构成的对称性构图

下图中凉亭为主体，树木为陪体，拍摄者利用不同的物距在画面中制造出了一虚一实的视觉感受，形成虚实对称的构图形式，更有趣味感。

拍摄参数
光圈：F10.0　焦距：28mm
快门速度：1/250s
ISO：200　矩阵测光

选取传统中国画中常见的画面元素，在雪景的烘托下更具写意效果。

苍穹下，牧歌一曲——草原

草原之美，一望无际。漫步草原，城市生活的压力在这里消失得了无踪迹，内心的阴霾在这里被涤荡一清。湛蓝如洗的天空中飘着朵朵白云，在大地碧绿的旷野上投下深深浅浅的倩影。羊群在青青的山坡上浮动，仿佛白色的贝壳遗落在绿海之中。在这广阔而壮美的景色里，我们用镜头捕捉着自然的天性，享受着天地的馈赠……这样美妙的时刻，有什么理由让我们的相机落单呢？

基本拍摄计划

BEST PLAN

- 拍摄草原和天空的壮美风景
- 拍摄以色彩为主的草原景观
- 拍摄草原水景的奇妙风情
- 拍摄独具特色的草原生活

实战操作步骤

1. 初入草原，长焦镜头集聚壮美风景

刚刚进入草原，拍摄者的视线一定会立刻被壮丽的风景所吸引——纯净的天空、起伏的山峦以及广袤辽阔的草原；大大小小的湖泊点缀其间，起伏绵延的山岗铺着一层或绿或黄的草甸；羊群、帐篷、牧人恰到好处地散落其中，此时按下快门几乎是不需要思考的事情。但是，表现好这样的美景仍然需要正确的方法。要想清晰地拍摄从近到远的草原风光，展现壮丽场面的同时又不让画面显得过于空荡，除了使用小光圈拍摄以外，还应考虑换掉拍摄风光常用的广角镜头，而改用长焦镜头，将各个层面的风景进行压缩，灵活运用对比方式表现画面的景深和各个景物的比例关系。

蒙古包和山脉的大小对比突出了山脉的气势。

拍摄参数
光圈：F8.0　焦距：170mm
快门速度：1/250s
ISO：100　矩阵测光

长焦镜头使画面的空间更紧凑

右图中蒙古包距离山峦其实很远，但单独拍摄山峦会让画面显得单调，因此拍摄者使用长焦镜头将画面空间压缩，让蒙古包看起来仿佛就在山脚下，从而使画面变得饱满丰富。

冷暖色调对比，营造草原氛围。

拍摄参数
光圈：F11.0　焦距：100mm
快门速度：1/125s
ISO：100　矩阵测光

选择合适的色彩过渡区域

拍摄风光照时要想将具有对比色彩的物体展现出柔和的感觉，就要选择合适的物体作为色彩过渡区域，让画面看起来更真实。左图中以山的局部作为过渡，搭配云朵在地面上的投影，丰富了画面的色彩。

✗ 暗部区域占据画面大部分

在以色彩为主来表现对象的风光照中，暗部区域不应占据画面的主要部分。因为暗部太多会压迫色彩本身明快的感觉，让人感觉压抑。

利用色彩明度突出主体

右图中草原和雪山的曝光都在合理范围内，但由于白色和蓝色具有更高的明度，从而使雪山更加引人注目。

明暗对比让雪山更雄伟。

拍摄参数
光圈：F11.0　焦距：160mm
快门速度：1/125s
ISO：100　矩阵测光

2. 漫步草原，丰富色彩成为画面主角

在一年中的大部分时间里，草原都拥有丰富的色彩，金色的草甸、绿色的原野、缤纷的野花……众多的色彩元素让草原景色看起来更有吸引力。要想恰如其分地描绘出草原的色彩，我们需要利用光线和构图技巧让原本平凡的景色更出众，让画面富有影调和层次的变化。例如在构图时加入线条元素，采用横画幅拍摄等。此外，还可以选用低角度的方式进行拍摄，以表现景物的轮廓线条，使景物更加开阔、更富有立体感。虽然蓝天、白云、绿草是经典组合，但我们也可以尝试不同的色彩搭配，巧妙运用色温加强色彩的感觉。

线条对色彩表现有很大帮助

在构图中，线条元素除了具有引导观者视线的作用以外，还可以合理分割画面区域。不同的色彩在画面中呈直线或曲线形分布，可以让各种色彩充分表现而不会显得凌乱，使画面看起来更有条理。左图中的一排褐色房屋形成隐形的线条，道路和草甸的布局则具有明显的线性特点；同时花卉的曲线分布和笔直的道路又形成鲜明对比，使画面更添趣味。

直线与曲线的结合使画面兼具条理性和美感

线条对画面的分割让色彩的层次显得更加突出。

拍摄参数
光圈：F11.0　焦距：29mm
快门速度：1/125s
ISO：200　　自动测光

鲜明的、高饱和度的色彩给人留下深刻的印象。

拍摄参数
光圈：F8.0　焦距：50mm
快门速度：1/100s
ISO：100　自动测光

○ 利用山峦的线条给人流畅的感觉
山峦的曲线既描绘了山峦的形态，又带给观者舒展流畅的视觉感受，采用横画幅构图则强化了这种感觉。山上的旗帜以斜三角形布局，在稳定中带来活跃感，丰富了画面。

✕ 去掉天空以山峦为整个背景
画面中天空明快清爽的蓝色平衡了山峦厚重深沉的绿色。如果去掉天空部分，整体画面会显得色调太暗，旗帜也不能体现出密集的感觉。

3.
意外惊喜，光影交织的草原水景

　　草原给人的印象多是一片苍茫的绿草，殊不知草原上的湖泊也别有一番风情。草原上往往没有较大的水域面积，但在蓝天绿草的映衬下会显得特别美丽、可爱。特别是在清晨和日暮时分，富有戏剧性的天空光线倒映在水面上，让本来色彩单一的湖水光影绰绰，充满了色彩变幻的趣味。

　　拍摄草原湖泊不应像拍摄其他水景那样一味地避免反光，草原上的光线大多数时候都明朗而通透，对于拍摄水面反光和倒影很有帮助。合理地利用反光加强光影的对比效果，可以让画面的层次看起来更加丰富。

水面上的倒影极大地丰富了画面内容。

拍摄参数
光圈：F8.0　焦距：100mm
快门速度：1/400s
ISO：100　自动测光

利用天空和云朵制造光影效果

上图中原本普通的水景因为加入了天空的倒影而变得有趣。由于光线的折射，水面上出现了各种层次的蓝色，再加上白色的点缀，画面显得饱满、丰富。

等待最佳的拍摄时机按下快门

拍摄这幅水景时，拍摄者等待了许久才等到三只水鸟掠过湖面的景象。正是由于这三只水鸟的出现，让本来平淡无奇的画面瞬间变得生动活泼起来。拍摄者采用水平构图方式营造出安静平和的氛围，与飞鸟的活跃动感相互烘托，赋予照片独特的韵味。

降低曝光值使山峦和飞鸟形成剪影效果。

拍摄参数
光圈：F5.6　焦距：400mm
快门速度：1/1000s
ISO：100　自动测光

4. 深入体验，独特视角记录草原生活

少数民族的放牧生活是草原文化十分重要的组成部分，也是必不可少的拍摄题材之一。牧民有其独特的生活模式，其日常生活、朝拜、聚会等活动都具有鲜明的草原特色，其中也常常出现浓重的色彩元素。

拍摄时我们要把握以人文风光为主、牧民生活为点缀的拍摄原则，含蓄的拍摄手法往往能得到较好的画面效果。利用具有草原特色的物体作为画面前景，在增加画面韵味的同时也有引导观者视线的作用。拍摄者可以灵活运用多种手法来拍摄具有个人风格的草原生活照片。

以牧民的祭祀物品作为画面框架，增添了浓郁的草原风情。

拍摄参数
光圈：F8.0　焦距：50mm
快门速度：1/160s
ISO：100　自动测光

框架构图集中观者视线

渲染出草原风情的并不是画面中心的景物，而是具有民族特色的前景。拍摄者独具匠心地选择了柔软的经幡作为画面的前景框架，浓重的色彩在吸引观者注意力的同时，又引导观者的视线向画面中心的草原水景风光延伸，戴草帽的人则为画面添加了一个明显的趣味点。

超广角视角展示建筑物全景。

拍摄参数
光圈：F5.6　焦距：17mm
快门速度：1/60s
ISO：200　自动测光

高角度俯拍，画面更壮观

拍摄具有全景性质的画面时，高角度俯拍是最合适的拍摄角度。尤其像建筑物、雕塑等题材，用高角度拍摄全景能最直观地展现出壮观的场景。

捕捉野生动物的生活画面

除记录草原的山水风光外，如偶遇野生动物，如羊群、牛群、狐狸等，它们都是不错的拍摄对象。左图拍摄时使用特写的手法拍摄两只羚羊的背影，小羊扭头回望的神态为画面增添了真实有趣的意境。

寻找野生动物，记录草原景象。

拍摄参数
光圈：F8.0　焦距：400mm
快门速度：1/125s
ISO：100　自动测光

纯美动人泸沽湖——湖泊

大自然不仅有着多种多样的天气变化，同时也造就了千姿百态的地形地貌。当我们投身到大自然中进行户外拍摄时，经常会遇到一些自然造化而成的大场面，诸如江、河、湖、海等。这些自然景观特色鲜明，给我们的摄影带来无限的乐趣和灵感。

这一次我们就以享有"高原明珠"美誉的泸沽湖为拍摄对象，从拍摄泸沽湖的过程中摸索出一些拍摄湖泊水景的小技巧。在拍摄的同时，也让我们一起放松身心，与泸沽湖来一次美妙的"约会"吧！

基本拍摄计划

BEST PLAN

- 拍摄独具风情的湖泊水面
- 拍摄不同时段的湖岸天空
- 拍摄配有前景的湖泊景色
- 拍摄湖岸人家的风土民情

实战操作步骤

1. 把握质感，表现不同光线下的湖泊水面

尽管湖泊的外部形态各具特色，但其构成成分都是以水为主。拍摄湖泊水面的景色对于光线有特别的要求，因为水面本身具有反光性和色彩多变的特性，在不同光线条件下会呈现出千差万别的效果。即使是同一水域，在顺、侧、逆三种不同光线的照射下，水面颜色也不一样。顺光不利于表现水的质感和固有色，但当水质比较清澈、水底较浅时，顺光拍摄容易表现水底景物；侧光有利于表现水的形态、波浪线条等；逆光下水面闪烁不定的高光点使画面中水的形象活跃，富有诗意。总之，掌握好用光技巧对于拍摄江河湖泊是很重要的。

逆光角度拍摄绚丽夺目的闪烁效果。

拍摄参数
光圈：F8.0　焦距：20mm
快门速度：1/2000s
ISO：200　中央重点测光

直线线条与点状光斑使画面元素更加丰富

选取低位角度拍摄逆光波纹

为了突出湖面梦幻诗意的效果，拍摄者特意降低镜头高度，让水面占据画面三分之二的面积。点状的反光光斑分布在画面中心，充分吸引了观者的视线，同时营造出湖面的梦幻氛围。

逆光俯拍湖面，能捕捉到极具创意的波纹效果。

拍摄参数
光圈：F8.0　焦距：24mm
快门速度：1/320s
ISO：100　点测光

俯拍湖岸风景，获得仙境美感

拍摄者从一个高位角度拍摄港湾中的湖景和湖岸建筑，人与自然相互搭配，浑然天成，仿佛人间仙境一般。

侧光结合周围景物突出画面立体感。

拍摄参数
光圈：F8.0　焦距：17mm
快门速度：1/60s
ISO：200　矩阵测光

顺光条件不利于展现湖泊色彩

顺光光线下不适于展现水景本身的形态，这和顺光拍摄镜面是一个道理。如果受环景限制只能在顺光条件下拍摄，就必须利用其他景物来装扮湖面。可以纳入周围的环境元素，或是改变拍摄角度，使用侧光来完成拍摄。

2. 水天相映，让魅力天空为湖泊景色加分

为了增强湖泊水面的艺术表现力，拍摄水面倒影是常用的手法之一。纯粹明净的天空和安静美丽的湖面相映称的画面一定会给观者留下深刻的印象。拍摄水面倒影应选择较为平静的水面，拍摄天空则应适当添加一些陪体，以丰富画面效果。如果要表现水中直立的植物，如芦苇等，可以采用侧逆光拍摄，使芦苇在平静而明亮的水面上留下长长的投影，为画面增添更多趣味。拍摄天空时，如果光线比较复杂，可以考虑使用偏振镜来过滤杂光，降低湖面的反光，让主要色彩体现得更加充分。

抓住时机捕捉精彩瞬间

雨后的泸沽湖常常会有意想不到的壮美场景出现，例如左侧的这幅画面。落日的金光从云层的缝隙中投射下来，拍摄者抓住时机，利用镜头的视觉差使其看起来正好投射在湖面的渔船上，从而捕捉到稍纵即逝的魅力瞬间。

以天空为主要测光对象

拍摄日落时的曝光量较难把握，因为此时的光线变化非常迅速。一般可以天空为测光对象，以画面较亮的区域为曝光依据。要小心一旦曝光过度就会破坏画面氛围，通常将曝光量控制在欠曝0.5~1档比较合适。

富有戏剧性的天空给人留下深刻的印象。

拍摄参数
光圈：F5.6　焦距：50mm
快门速度：1/60s
ISO：100　矩阵测光

大广角纳入广阔的天空和湖泊风景。

拍摄参数
光圈：F11.0　焦距：50mm
快门速度：1/800s
ISO：200　矩阵测光

水平构图展示湖泊的宁静广阔
拍摄湖泊、大海等较为广阔的水景全景时一定要采用横幅构图，利用水平线条展现水景宁静、广阔的壮美景色。

加入细节让景色更引人入胜
如果是拍摄水景的全景画面，在画面中加入一定的细节会让全景看起来更具真实感，同时也能利用小景和全景的对比来衬托全景的雄伟壮阔。上图中拍摄者将水面上的船只纳入画面，成为绝佳的点缀元素；远方的山脉连绵不绝，与柔和的湖泊线条相互呼应，整个画面看起来元素丰富，主体突出。

制造波纹让水面质感更有魅力
在拍摄水面时，如果能够在水面制造一些细小的波纹印迹，会让水面的质感更加丰富。

暮色下的特殊色调营造出独特的视觉效果。

拍摄参数
光圈：F4.0　焦距：17mm
快门速度：1/250s
ISO：400　矩阵测光

3. 善用前景，小巧景致让湖泊更有韵味

俗话说"画以深远为贵"。对于拍摄湖泊水景来说，就是要重视空间感的表现，注重水面上景物与景物之间的空间距离感。观者对画面空间的感受与透视规律有关，因此利用透视上的变化可以增强画面的空间距离感，其中对景深的控制就是极其重要的一部分。

距离越近，影像越大；距离越远，影像越小。随着距离向远处延伸，影像尺寸会越来越小，最后消失在地平线上。如果单纯拍摄向远处延伸的景物，可能无法直观地展现出空间中的透视感，这时如果在画面中加入前景，即使是很小的景物也能有效地与画面远方的景物形成大小和空间上的对比，从而强化整体画面的透视感。

恰当的景深让前景和湖泊都得以清晰展现。

拍摄参数
光圈：F8.0　焦距：17mm
快门速度：1/320s
ISO：100　点测光

利用景物间的大小对比营造空间感

当观者浏览一张照片时，脑海中首先浮现的是画面中的景物在生活中的常规影像，如大小、尺寸、颜色、材质等，其次才会将眼前的画面和自己的记忆作比较。摄影构图中的对比手法就是利用了人的视觉观赏心理，有效通过画面中的景物大小对比拉开空间距离。以上图为例，前景中的渔船和远处的渔船因为拍摄距离的原因呈现出鲜明的大小对比，从视觉上拉开了空间的距离感。再加上前景的树木和远方山脉的对比，使这种空间感更加强烈。

利用简洁的构图让被摄主体更加突出。

拍摄参数
光圈：F8.0　焦距：100mm
快门速度：1/100s
ISO：100　　点测光

虚化前景让照片的空间感更强

可以让你的照片脱颖而出的一个秘诀就是在拍摄时仔细选取前景，并且将画面的吸引点放置在前景中。这样不但可以把观者自然地引入到画面中，也可以创造出具有延伸感的景深效果。如上图所示，拍摄者在拍摄这张照片时，选择将纯蓝色的湖面作为背景，阳光照射下的金色树叶作为前景并进行一定的虚化，让主体——黄色小船充分突出。蓝色和黄色不仅在色彩上形成鲜明的对比，在画面中的组合也显得大气简洁，虚实结合的拍摄手法则使画面的空间感得到加强。

鲜艳而纯粹的色彩对比强烈吸引着观者的视线

忽视相机配件的重要作用

在风光摄影创作中，灵活使用各种滤镜可以为作品锦上添花。例如在本张照片的拍摄中就利用了偏振镜来消除水面反光，使湖水的颜色更加纯粹。不过滤镜也不可滥用，尤其不能破坏原有的现场光线条件，否则会有造作之感。此外还可以运用闪光灯进行补光，增加画面前景的细节。

增加前景让松散的画面更紧凑

拍摄大场景时，画面松散杂乱是最常见的弊病。解决办法很简单，寻找一处前景并将其纳入取景范围，画面立刻会产生收缩效果。这是因为当人的视线由散乱的面或单调的线集中到一个点上时，虽然看到的景物没有改变，但心理感受却会发生极大的变化。此外前景的补充也为空旷的湖面加入了一些内容，丰富了画面元素，使画面显得更加紧凑。

添加前景让画面更饱满。

拍摄参数
光圈：F8.0　焦距：30mm
快门速度：1/250s
ISO：100　点测光

4. 融入生活，风土民情带来无限遐思

在传统的风光照片的拍摄中，摄影师总是力求表现纯粹自然、唯美壮丽的风光影像，避免一切可能在画面中出现的人工元素。但近些年来，摄影师们已不再抗拒风光影像中的人为痕迹，甚至时常善加利用，让原本大同小异的风光照片拥有个人独特的风格和欣赏价值。泸沽湖的湖岸少数民族风情组照组照就是其中生动的一例。在画面中恰如其分地加入具有少数民族风情的元素，不仅使画面内容更加丰富，同时还显得富有文化底蕴，充满了人间仙境的美感。

依靠水面的反射影像为画面增添更多趣味

在漫反射光线的照射下，天空的影像倒映在平静的水面中，为湖泊增添了更多的色彩和层次。

人物的出现为风景照增添了一些温馨气息。

拍摄参数
光圈：F9.0　焦距：70mm
快门速度：1/125s
ISO：100　矩阵测光

船体的摆放方式为画面营造出纵深感。

拍摄参数
光圈：F16.0　焦距：17mm
快门速度：1/200s
ISO：100　　点测光

巧妙利用前景吸引观者的好奇心

人们对不常见的东西总会产生兴趣，形状是客观事物给人的第一印象。例如奇峰怪石会使构图生动活泼，从形式上先确定画面的可读性，而上图中妇女的背影也具有同样的效果。

标准镜头收录远近多种景色

通过把近处和远处的景物并列在一起，不仅为照片增加了深度，也使整幅画面产生了立体感，可以通过选择较小的光圈来获得大景深。前景在整幅画面中占据的面积不要过多，否则将会影响照片的整体感觉，因为湖中的小岛与湖岸的空间深度才是这幅画面想要表现的重点。

拍摄参数
光圈：F8.0　焦距：50mm
快门速度：1/200s
ISO：100　　矩阵测光

复杂的前景更能衬托简单的远景。

拥有适当人为元素的画面更具观赏性

元素是指构成场景的一切东西，它可以是物体、线条、人物或是动植物等。在拍摄风景照时适当地加入一些人为元素，不仅能增加场景的真实感，在比例、色彩上也能形成有趣的对比。左图中山脉和人物形成的大小对比以及影调的细微差别，比单纯地拍摄风光照片具有更高的观赏性。

利用人物为画面增添观赏性。

拍摄参数
光圈：F8.0　焦距：50mm
快门速度：1/125s
ISO：200　点测光

利用主体山脉和陪体人物的大小反差突出景色的壮丽

合理安排画面的线条方向

当场景中出现众多的线条元素时，最好能选择线条方向最为统一的角度进行拍摄。这样即使画面中存在多样化的线条元素也不会给观者杂乱无章的感觉，反而会让画面层次感有所加强。如上图中的水景画面，线条都呈左右走势。

PART 1 风光摄影

荒芜中的美景——沙漠

沙漠广袤浩瀚，具有变幻莫测的特点，是自然界的一大奇观，更是无数摄影人的向往之地。如何能在以沙漠为题材的摄影作品中突出创作者的个性，拍摄出有特点的沙漠摄影作品呢？

对于一名初次接触沙漠题材的摄影爱好者来说，需要学习的拍摄技巧不胜枚举，但最重要的一条首先是要多看。观摩优秀的摄影作品，学习摄影大师的拍摄方式和拍摄角度，并力求以同样优美的画面传递最具有震撼力的沙漠风光。

基本拍摄计划

BEST PLAN

- 拍摄线条明显的沙丘
- 拍摄具有沙漠风情的细节
- 航拍沙漠中的全景和局部

实战操作步骤

1. 利用曲线凸显沙漠形态

说到沙漠,相信大部分人的脑海中都会立刻出现绵延起伏的沙丘和飞沙走石的画面,可见沙漠绝对是风光摄影中最具质感的拍摄题材之一。沙漠地区植被稀少,色彩单一,多晴少云,日照时间较长。拍摄时最好选择日出、日落时刻,利用光线和沙漠本身的曲线"双线结合",以获得色调和层次更加丰富的画面效果。选择适当的时间、独特的视角,使用特殊的拍摄技法,摆脱模式化的表现方法是拍好沙漠摄影作品的前提条件。

利用沙漠本身的曲线营造广阔的印象。

拍摄参数
光圈:F16.0　焦距:100mm
快门速度:1/15s
ISO:100　　矩阵测光

侧光让沙漠的形态曲线展现得更加充分

拍摄者在日出时分拍摄层次分明的沙丘,远处的沙漠在迷雾中若隐若现,突出了距离感和空间感,强化了沙漠广阔雄伟的感觉。利用侧光的照射角度和光线颜色,在暗调的画面中突出金色的线条,多变而流畅的曲线使画面充满了富于韵律节奏的动态美感。

恰当的拍摄位置可以弥补光线的缺陷。

拍摄参数
光圈：F16.0　焦距：120mm
快门速度：1/15s
ISO：100　矩阵测光

选择拍摄位置获得更具视觉冲击力的画面

拍摄上图的时间并不是在最适合拍摄沙漠的日出日落时段，而是下午时分。强烈的阳光将沙丘的向阳面照得非常明亮，拍摄者巧妙地将向阳面和背阳面同时纳入画面，明暗对比有效突出了沙丘线条，带来新鲜愉悦的视觉感受。

　　在拍摄沙漠和生长其间的植物时，宜采用侧逆光和逆光。攀上高处，可以使沙丘的起伏纵横和影调变化都能得到很好的表现。避免使用顺光拍摄沙漠，那样会造成平沙万里、平板一块的画面效果。此外，一般不适合在阴天等漫射光条件下拍摄沙漠，因为阴天的光线很难让景物产生明显的明暗反差。整个画面会缺少明亮物体，色调偏暗，给人一种压抑、沉闷的感觉。

　　沙漠中白天气温很高，夜晚气温很低，空气十分干燥，风沙较大，因此镜头前要加装保护滤镜或滤光片；沙漠正午的日光使沙漠反光强烈，要注意调整光圈和机位，避免反光和眩光的产生。适宜在早、晚使用低角度的侧光、逆光和侧逆光拍摄连绵起伏的沙丘，利用沙漠的线条、色调等造型元素与自然景观相互衬托，充实画面内容。

2. 细节画面展现沙漠风情

即使是在茫茫沙漠中，富有魅力的风景细节也无处不在，它可以是人类的活动，也可以是沙丘独具特色的纹理。在表现沙漠的壮丽场面时，不妨在其中点缀一些温情的细节，让沙漠在展现独特风情的同时，更添一丝人情味。

这里我们将沙漠的纹理质感也算作细节景色之一，当镜头聚焦到沙漠上那些巧夺天工的自然纹理时，会使沙漠本身的神秘气息越发强烈地散发出来。利用光线、造型和色彩的对比让沙漠的纹理进一步凸显，形成具有抽象感和重复图案的画面，从而使画面的艺术感更加强烈。

纯粹的蓝色天空使滑翔机更加突出。

拍摄参数
光圈：F2.0　焦距：24mm
快门速度：1/200s
ISO：200　　矩阵测光

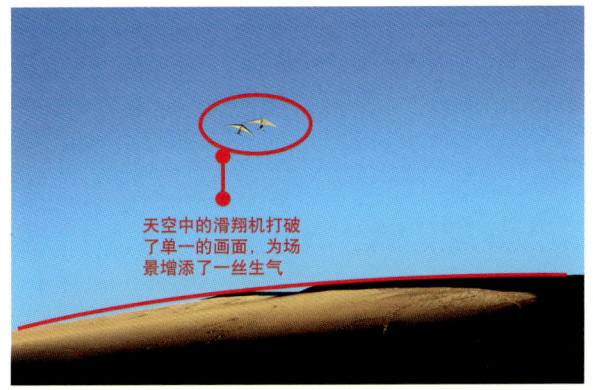
天空中的滑翔机打破了单一的画面，为场景增添了一丝生气

光线的投影效果让画面不显单调

经常拍摄风光的拍摄者都知道，要想让画面中的天空获得合适的曝光必须减少整体的曝光量，才能让天空的蓝色忠实还原。上图中由于降低了曝光量，画面下半部分本应呈现为完全的暗调，但光线投射在暗部出现了黄色的亮区，从而使画面不再单调。

纳入细节为风光照增添趣味性

无论是游人还是滑翔机,细节元素的加入可以打破原本的单调,为画面带来更多看点。如果画面中只是单纯的蓝天和沙丘,虽然再现了景色美丽的部分,但因为只是简单的色彩对比,观赏性就会有所降低,加入能够产生大小对比的细节元素会使画面更加耐人寻味。

拍摄参数
光圈:F11.0 焦距:400mm
快门速度:1/320s
ISO:100 矩阵测光

利用游客和白云也能为画面增添变化。

拍摄沙漠与人、动植物的和谐画面。

拍摄参数
光圈:F8.0 焦距:135mm
快门速度:1/200s
ISO:100 矩阵测光

让沙漠的纹路更有层次

沙漠的纹理在某些特殊的光线条件下会展现得特别明显,拍摄时如果灵活捕捉可以为画面增添更多层次。

表现光影效果是拍摄沙漠的要点

无论什么情况下,一幅优秀的摄影作品都应具备精美的光影效果。当太阳照在驼队身上,在沙漠中投下长长的投影时,一定要抓住这个机会,不停地按动手中的快门,并尝试从不同角度拍摄这一精彩时刻。

抓住合适的时机就立刻按下快门

沙漠是比较特别的拍摄环境，除了注意防风防沙等事项以外，抓住适当的拍摄时机也是非常重要的一点。沙漠中常会出现风沙，许多沙漠的纹理、细节会在风沙中消失，这也就意味着会失去许多拍摄者原本设想好的画面。因此在沙漠中寻觅到脚印、痕迹等微小的细节时就要不假思索地按下快门，有充足的时间再进行二次构图。

让细节杂乱地分布在画面中

沙漠中凡是游客经过的地方都可以拍摄到脚印的画面，但并不是所有的脚印都值得拍摄。在选择这样的细节时，应尽量选择形态比较完整、简洁的对象，如果具有能够引导视线的指向性则更好。当拍摄对象的细节杂乱并且自己不能妥善处理时，最好放弃。

拍摄参数
光圈：F10.0　焦距：18mm
快门速度：1/200s
ISO：自动　矩阵测光

拍摄沙漠中常见却独特的小景。

布满画面的纹理会使画面具有抽象感

像右图这样具有层次感的纹理是沙漠中常见的画面之一，弯曲并具有指向性的线条在引导观者视线的同时，也使画面具有较强的延伸感。清晰的纹理使远近空间的距离被拉开，让二维画面产生了三维的视觉效果。明暗的自然变化配合线条的走向，使照片更具有观赏性。

拍摄参数
光圈：F10.0　焦距：18mm
快门速度：1/250s
ISO：自动　中央重点测光

利用纹理营造抽象的画面。

3. 高位俯拍收录特色全景

通常喜欢拍摄风光片的摄影爱好者总是愿意购买最先进的广角镜头，希望镜头光圈尽量大，视角越广越好，为的就是要拍出自然风光的气势。而当我们有条件实现高空俯拍的时候，广角镜头能拍摄到的范围就更广，同时其他不同焦距段的镜头的特色也都能得到更出色的发挥。在沙漠中，这种高角度俯拍可以通过航拍来实现。

现在许多沙漠景区内都有为游客服务的滑翔机，有兴趣的朋友可以乘坐滑翔机，体验一下航拍的乐趣。航拍的魅力在于对景观一览无余地展现，使观者产生尽收眼底、气吞山河的豪情。从技术上来说，航拍意味着比正常更高的角度和更宽广的视角。在飞机上使用标准镜头拍摄就可以达到广角镜头的气势。起飞的时候用广角镜头来拍，可以获得迷人的弧形地平线。此外，在空中视角广阔的时候，用长焦拉近被摄主体，把它拍得近一些，可以制造出若近若远的空间氛围。

从飞机上航拍可以拍摄超大范围的全景。

拍摄参数
光圈：F8.0　焦距：17mm
快门速度：1/640s
ISO：200　矩阵测光

✗ 不对画面加以构思就按下快门
仔细观察窗外的景色，把想拍的画面在脑海中先构思好，最佳时机一到马上按下快门。切不可寄希望于不假构思地大量拍摄，然后从中挑选，那样反而会延误更合适的拍摄时机。

拍摄具有立体感的全景画面
从高空进行航拍时最担心的问题就是原本十分具有立体感的画面变成平面效果。观察视角的改变使拍摄者常常会错过一些能体现出全景空间感的光影效果。但上图中沙丘形成的线条成功营造出空间感，远景的安排也让画面更有层次，适当的色彩点缀其中，则使画面内容更加丰富、饱满。

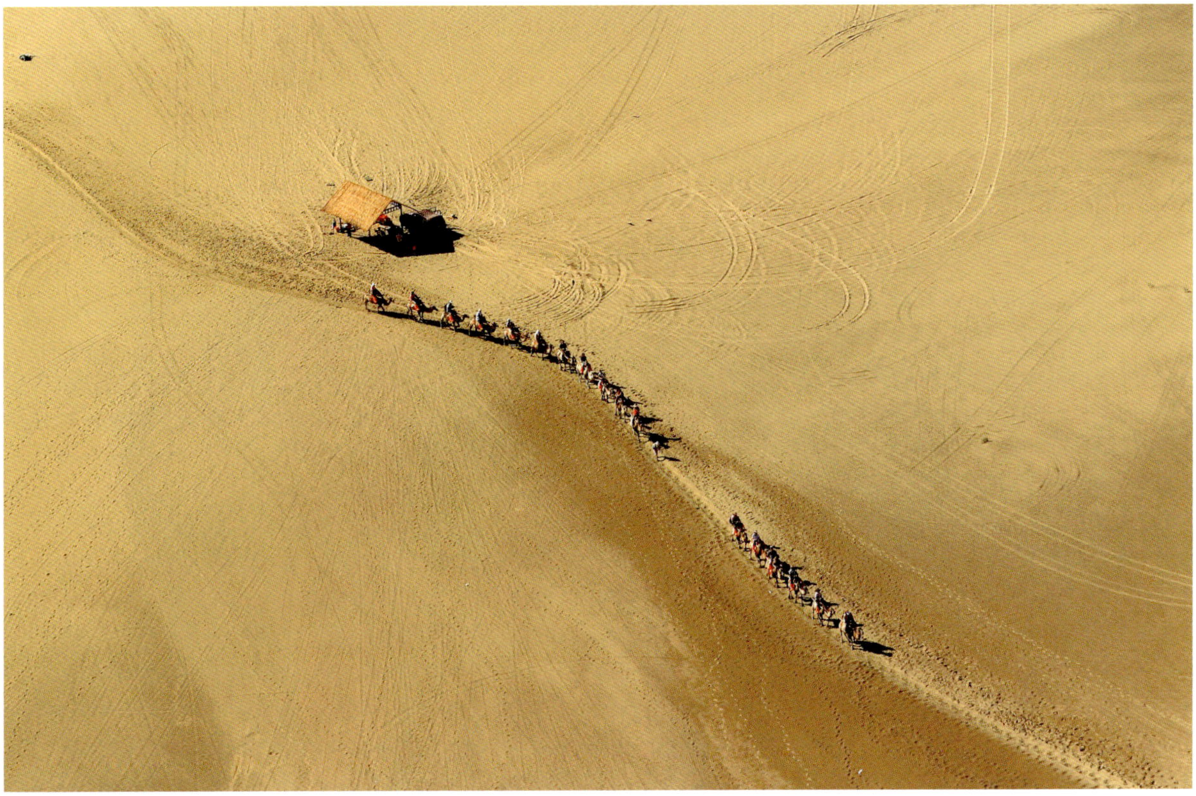

俯拍会强化线条在画面中的感觉。

拍摄参数
光圈：F8.0　焦距：50mm
快门速度：1/800s
ISO：200　矩阵测光

不要隔着玻璃拍摄

为了避免玻璃的反光，一定不要使用闪光灯。如果有条件，可以利用偏振镜消除反射光，再有就是尽量使用大光圈。由于高空的透明度非常好，因此如果能够乘坐没有玻璃的高空交通工具进行航拍效果是最好的。

尽量采用较高的快门速度

飞机飞行时产生的振动或颠簸会影响画面的清晰程度，而且越是长焦镜头这种影响就越明显。因此应尽量使用高速快门拍摄，以保证画面的清晰。一般来说宁可欠曝，也要保证快门速度。因为清晰是一张好照片的首要条件，当然追求特殊的艺术效果例外。

拍摄参数
光圈：F8.0　焦距：400mm
快门速度：1/200s
ISO：100　矩阵测光

长焦俯拍使画面显得更加紧凑。

PART 1 风光摄影

小桥，流水，人家——江南水乡

无论对于南方还是北方的摄影爱好者来说，江南水乡都是永恒的拍摄题材，因为水乡的特色和古朴的环境总是常拍常新。我们平时所说的江南在很多人心中只是个笼统的概念，事实上每个人对江南特色的观察角度和深度不同，在拍摄时就会有不同的理解，作品的表现效果也必然不同。因此，如果想要拍摄江南题材的照片，首先需要我们深入了解所要拍摄的地方。江南具有深厚的文化底蕴，同时又富有诗意，我们只有深入了解它，才有可能在拍摄内容方面表现得更丰富，手法也更多样。

基本拍摄计划

BEST PLAN

- 拍摄湖岸停靠的船只
- 拍摄水乡中独具特色的建筑
- 拍摄清幽素雅的水乡小景

实战操作步骤

1. 湖岸船只彰显水乡活力

在江南水乡的生活中，船是十分常见的生活元素，因此它也成为展现水乡生活的必备元素之一。拍摄游船时，画面中船只的数量、位置都应有所讲究。作为主体，如果是单个船只，应放在画面的醒目位置；若是多个船只，则不仅要考虑位置的安排，还要注意船与船之间疏密相间、错落有致，做到和谐有序而不繁多，画面简洁而不杂乱。如果是作为陪体，船的远近大小应适中，以便与景色和谐一致、相映成趣。构图方式可以遵照黄金分割构图原则，此外还有三角形、对角线等构图方式。

游船的线条让画面层次清晰。

拍摄参数
光圈：F5.6 焦距：100mm
快门速度：1/250s
ISO：100 矩阵测光

利用丰富的前景和背景使游船突出

拍摄者选择了大量树木作为画面的前景和背景，同时绿色也符合江南水乡青翠幽静的感觉。大片的绿色成为画面的主色调，并且通过光线形成一定的色彩变化，让画面中心的游船更加突出。

竖画幅取景构图突出水乡绿色的环境

具有方向感的线条让景色疏密有致

游船和树木的线条均呈左右走势，倾斜的线条方向带来一种生动活泼的感觉。静态的游船和动态的水纹形成对比，让画面更具观赏性和趣味性，从而引发观者的兴趣。

较高的快门速度适合拍摄运动的船只。

拍摄参数
光圈：F2.8　焦距：100mm
快门速度：1/1250s
ISO：100　矩阵测光

高速快门抓拍移动的船只

拍摄者在湖岸边拍摄移动的船只，明亮的湖面波纹传递出动态的讯息，但因为拍摄者选择了较高的快门速度，因此船只即使在移动中还是被镜头清晰地表现出来。

表现游船的同时兼顾水乡特色

拍摄者注意到了停靠在湖边的仿古游船和远处现代化快艇所形成的对比，微妙的画面布局恰如其分地突出了游船的特质，带有浓厚的生活气息。纵深有序的排列让观者的视线在画面中反复移动，场景细节让游船的形象更生动。

拍摄参数
光圈：F8.0　焦距：20mm
快门速度：1/250s
ISO：100　矩阵测光

红色、橙色的色彩点亮画面。

2. 特色建筑体现水乡风韵

江南建筑的特点是每家每户的房子都很紧凑，整个村落看起来错落有致。而且水从村中过，小桥流水，给人柔美精巧的感觉。由于房屋建筑鳞次栉比，在拍摄上就会带来一个问题——很容易把房子拍变形。因为景致小，空间窄，如果想要将整个建筑纳入画面，必然要使用广角镜头，也就很容易造成变形。这种夸张的变形有时会影响建筑整体的柔美，表现不出江南景色的"质感"，这一点在拍摄时一定要加以注意。当然，抽象的夸张创作也是一种表现方法，这就要看拍摄者的意图了。

独特的视角突出建筑物的几何线条

建筑物多呈不同的几何形状，从不同角度观察，其造型、透视及前景和背景均会发生明显变化，因此选择最能表现建筑物造型的拍摄位置就显得十分重要。

让建筑物准确曝光会失去天空层次

拍摄者仰拍建筑物时，天空通常会成为画面的一部分。如果让建筑物准确曝光，天空会变为一片惨白，降低一定的曝光量可使天空展现出层次。

利用柔和的色彩抵消建筑物线条的僵硬感。

拍摄参数
光圈：F5.6　焦距：20mm
快门速度：1/400s
ISO：100　矩阵测光

开放式的构图可让观者对于画面外的风景产生更多联想

拍摄参数
光圈：F2.8　焦距：100mm
快门速度：1/2000s
ISO：100　矩阵测光

对绿叶进行对焦，留下遐想空间。

曲线线条为静美的画面注入了一股活力，同时也突出了建筑的古老风格

虚实结合的手法加强水乡的感觉

虚实的对比是中国传统艺术表现手法中重要的一种，也比较符合江南水乡给人的一贯印象。对建筑物前的植物进行对焦，不仅使建筑物本身的轮廓得到强化，建筑整体若隐若现的效果又强调了水乡朦胧唯美的感觉。绿色植物作为前景不仅从色彩上点亮了画面，也让建筑更引人遐思。

从小桥上俯视拍摄水乡河道

水乡有很多小桥，在拍摄取景时，重点是要在画面下方为水面留出更多的空间。当然，适当地注意倒影、水的波纹及河道两边的建筑，效果会更好。

广角镜头拍摄河道的小全景。

拍摄参数
光圈：F5.6　焦距：16mm
快门速度：1/45s
ISO：100　矩阵测光

多种对比元素有效突出建筑特色。

拍摄参数
光圈：F8.0　焦距：100mm
快门速度：1/50s
ISO：200　矩阵测光

○ 把握建筑物的走势，营造纵深感

木柱、走廊、灯笼，这些都是水乡建筑中的特色。拍摄者在拍摄时采用能展现走廊纵深感和外部形态的角度，同时展现了建筑特色和自然环境，在色彩明度上也有一定的变化。其中红色的灯笼是非常引人注目的一个部分，不仅渲染了江南特色也点缀了画面色彩。

✕ 从走廊的内部拍摄

像走廊这类的被摄体，除非是内部装饰十分具有特色或是有独特的线条造型，否则是不适合从内部进行拍摄的。对内部进行拍摄，不仅不能体现出建筑物的外部结构和环境，曝光也容易显得不足，并且画面的主体很不容易把握，大多数情况下不推荐使用。

3.
魅力小景汲取水乡精华

　　江南风光之所以引人着迷，不仅仅是因为依山傍水的环境，风情浓郁的建筑、具有魅力的小景也是其重要的组成部分。在江南湿润的空气中，即使小小的一株植物，其青翠欲滴的色彩也能顿时让人感受到清新的气息扑面而来。

　　拍摄具有魅力的江南小景，独特的观察力是非常重要的。一个好的拍摄者必须有足够的洞察力才能捕捉到那些容易被人忽略的细节，从而创作出吸引人的作品。

疏密结合拍摄浮萍类植物。

拍摄参数
光圈：F2.0　焦距：50mm
快门速度：1/250s
ISO：200　矩阵测光

近距离取景让美景充满画面

对于浮萍这样微小的水生植物，远距离拍摄并不能很好地体现出其具体形态。近距离拍摄不仅可以展现叶面的细节，还可以和周围的陪体形成对比，让观者对大小比例有客观的印象。近距离取景还有一个优势，就是可以使美景充满画面。即使这样的小景面积不大，我们也能通过改变拍摄距离充分描绘它。

局部的色彩赋予画面生命力。

利用自然植物烘托建筑特色

闲适的生活气息是江南水乡的特色之一，这种特色在建筑物中也有所体现。拍摄者巧妙地利用植物来刻画屋顶瓦片，看似以明亮鲜活的绿色叶片作为主体，实则是从侧面表现建筑风格，表现出水乡亲切悠闲的感觉。

拍摄参数
光圈：F2.8　焦距：100mm
快门速度：1/800s
ISO：100　矩阵测光

低位拍摄让河道的湿润气息渲染画面。

拍摄参数
光圈：F8.0　焦距：20mm
快门速度：1/250s
ISO：100　矩阵测光

环境对比让绿色植物更显繁盛

拍摄者在河岸的拐弯处拍摄了这张照片。将相机放置在岸边的石头上，绝对的低角度让植物看起来比正常视角时更加繁盛茂密，体积也更庞大。岸边的石头也呈现出放大效果，这些都是通过使用低位广角拍摄实现的。

阴雨天气下的水乡更有风情

阴雨天一般是拍摄者不愿碰到的天气，但在水乡则另当别论。对于粉墙黛瓦和褐红色木门来说，在散射光线下画面反差适中，色彩会显得更加柔和。此外，雨后散落的花瓣柔美娇弱，加以大光圈进行虚化，更能渲染出水乡的温柔气息。

雨后的景色同样引人入胜。

拍摄参数
光圈：F2.8　焦距：60mm
快门速度：1/800s
ISO：100　矩阵测光

PART 1 **风光摄影**　63

拍摄总结
风光摄影

测光模式对画面曝光的影响

不同的测光模式会得到不同的曝光读数，这是因为它们的测光方式不同，并且有的场景只有在特定的测光模式下才更容易获得准确的曝光数据。因此，首先需要拍摄者从最基本的测光模式开始了解。常见的测光模式有以下3种（每种模式后的第一个图标为尼康相机的测光模式图标，第二个图标为佳能相机的测光模式图标）。

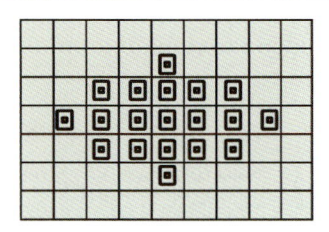

■ 矩阵测光 ▣ ▣

矩阵测光▣，也称评价测光▣、加权测光、多分区测光等。该模式将整个画面分成若干区域，对不同区域分别进行测光，并将各个测取结果通过整合得出一个最终的曝光数据。在风光摄影中，该模式是使用最多的测光模式。

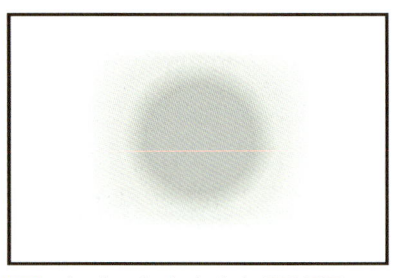

■ 中央重点测光 ▣ ▣

中央重点测光▣，也称中央重点平均测光▣。该模式是指对中央部分和画面其余部分分别测光，然后取其平均值。各厂家往往选用不同的加权平均值，如尼康相机一般是中央60%，周围40%。该模式多用于人像摄影。

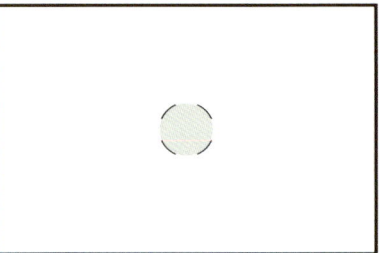

■ 点测光 ▣ ▣

点测光则是针对画面中很小的一部分测取曝光读数的测光模式，并且该测光模式不会受到背景及周边环境的影响，因此所测得的曝光读数比较准确。部分相机中设置的局部测光▣与点测光▣差异不大，也是对画面中很小一部分进行测光，但比点测光模式的测光面积稍大一点。

关于风光摄影中测光模式的合理运用

相机根据18%中性灰的反光率整合天空、水面和山脉的信息，均衡计算出曝光值。

拍摄参数
光圈：F14.0　焦距：24mm
快门速度：1/250s
ISO：200　矩阵测光
光圈优先模式

虽然画面中央比较接近18%中性灰的反光率，但天空与水面的颜色偏暗，所以最终所得到画面的曝光值会比矩阵测光时高一些，画面整体变亮。

拍摄参数
光圈：F14.0　焦距：24mm
快门速度：1/250s
ISO：200　　中央重点测光
光圈优先模式

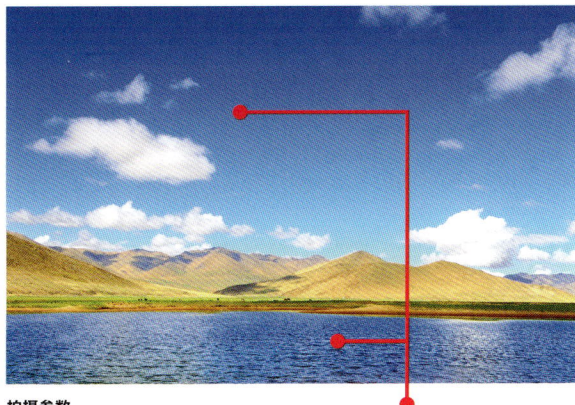

拍摄参数
光圈：F14.0　焦距：24mm
快门速度：1/250s
ISO：200　　点测光
光圈优先模式

对天空或水面的蓝色部分进行点测光，画面会明显变亮。

拍摄参数
光圈：F14.0　焦距：24mm
快门速度：1/250s
ISO：200　　点测光
光圈优先模式

对天空中偏亮的白云进行点测光，画面明显变暗。

要想呈现夕阳西沉的剪影效果，需要对天空中偏亮的部分进行点测光，画面才会呈现出比当时更暗的效果，从而突出画面的浓重色调。

拍摄参数
光圈：F8.0　焦距：30mm
快门速度：1/250s
ISO：100　　点测光
光圈优先模式

使用中央重点测光或矩阵测光会使整个场景都亮起来，呈现不出黄昏的独特氛围。

拍摄参数
光圈：F8.0　焦距：30mm
快门速度：1/250s
ISO：100　　矩阵测光
光圈优先模式

风光摄影中用到的重要附件

所谓工欲善其事，必先利其器。要想获得出色的风光摄影作品，除了要拥有合适的相机与镜头之外，我们还需要依靠许多摄影附件。这样我们在进行风光摄影时，才可获得事半功倍的效果。

■ 电池

镍氢电池

锂电池

准备好充足的备用电池

数码单反相机是靠电源来驱动的，如果电池耗尽就无法使用了。大部分数码单反相机使用锂电池，也有较少几款相机是使用5号镍氢电池。如果是镍氢电池，可以使用普通的5号干电池临时代替一下，这是镍氢电池的优势，锂电池则不能随处购买。如果在重要时刻电池电量耗尽，就无法继续拍摄了，所以一定要在外出拍摄前准备好充足的备用电池，确保万无一失。

使用电池保护盖，保证携带安全的同时还可以延长电池寿命

电池上有给相机提供电源的触点，因此如果触点出现脏污的话，就可能无法向相机正常供电，或者导致相机产生故障。不仅在更换电池时要注意避免触摸触点，在携带电池时也要装上保护盖，防止脏污或划伤。这样做还可以延长电池本身的使用寿命，是非常经济的做法。请注意保留电池保护盖或保护袋，不要随意丢弃。

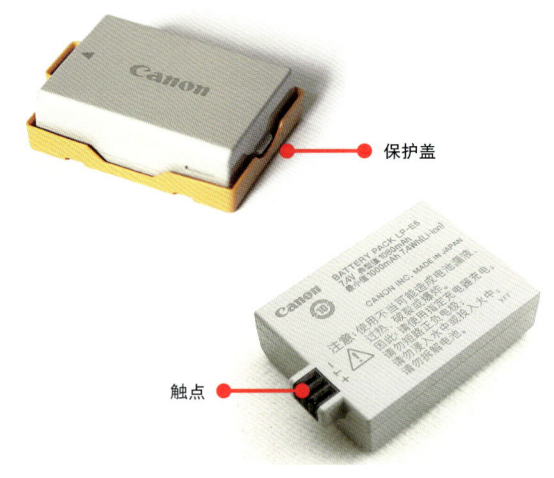

保护盖

触点

TIPS

数码单反相机所使用的充电电池也是有寿命限制的。可以使用的次数因电池种类而异。如果充满电后很快就全部耗尽，那就证明电池已经接近使用寿命的极限了。如果想尽量延长电池的寿命，最好能够交替使用备用电池，减少充放电次数，降低电池的负担。

快速充电器

使用充电器的注意事项

（1）保持干燥，不要用湿手接触插座或充电器，否则可能引起触电。

（2）插头的金属部分或周围有灰尘，应立即用一块干布将其擦去。在有灰尘的情况下继续使用可能会引起火灾。

（3）在强雷雨天气时，请勿触摸电源线或靠近充电器，因为这也可能导致触电。

（4）请勿损坏、拆卸、用力拉拽或扭曲电源线。并且不能将其置于重物下，也不要将其靠近热源或火焰，因为电源线的绝缘层一旦破损就可能会导致火灾或引起触电。

摄影包

外出摄影常常需要背负沉重的设备，可谓是一项煞费体力的活动，特别是对于需要长时间作业的风光摄影来说更是如此。保护贵重的摄影器材无疑是拍摄者首先要考虑的，但摄影包并不仅仅是只有装载能力就足够了，是否具有良好的背负系统也是我们选购时必须考虑的一个因素。

单肩侧背包

单肩侧背或斜挎是最普遍的背负形式，并且这种方式取放快速便利。但对于器材设备过多的拍摄者，以及需要长途跋涉拍摄时，使用这样的摄影包会使身体由于受力不均，造成单侧肌肉和骨骼的负担过量，从而产生疲劳感。

单肩侧背包

斜背包

采用单肩斜背的背负方式，平常可斜背于背后，需要使用时直接将摄影包转至胸前，在取放器材方面十分方便。虽然这类背包按照人体工程学做了合理的设计，背起来很贴身，但是当背负的器材过重、背负时间过长时，单侧肩膀就会十分疲惫。

斜背包

双肩后背包

双肩后背是较为舒适的背负方法，双肩均衡受力，也不会出现单肩包不贴身或滑落的情况。而且好的双肩包在背负系统上会加上胸扣、腰带等减力设计，适合长途跋涉的摄影方式。另外双肩背负可以完全释放双手，即便是走走拍拍也是可行的。因而对于风光摄影而言，最适合的摄影包当属这类背包。

双肩后背包

TIPS

为了便于长时间外出拍摄，一定要选择防水、保温系数较高的摄影包，这样即便是突遇雨雪天气也能很好地保护器材。

摄影腰包

为了便于户外出行中的拍摄，对于已经背负了其他行李的拍摄者，还可以选择将器材装在一个密集型的摄影腰包里。由于腰部的负重量只及肩膀的一半左右，并且其体积也不会太大，因此摄影腰包是除摄影背包外的首选。

摄影腰包

把握不同的构图表现手法

构图决定着构思的实现与否,决定着作品的成败。因此,研究摄影构图的实质,就在于帮助我们从周围丰富多彩的事物中选出典型的生活素材,并赋予它鲜明的造型形式,从而创作出将深刻思想内容与完美艺术形式相结合的摄影作品。

■ 水平线构图

水平线构图是指画面中的主线条呈现左右横向走势,这种构图形式具有开阔、平静、稳定等特点,常用于表现平静的湖面、辽阔无垠的草原等场景。

■ 垂直线构图

垂直线构图同样能够给人稳定、平衡的感觉,一般适合表现垂直高耸的物体,如树木、建筑等。用于体现整体的力度和形式感。

■ 曲线构图

当画面中的景物呈S形曲线分布时,画面具有延伸、变化的特点,能给人优美、雅致、协调的感觉。常用于表现河流、溪水、曲径、小路等景物。

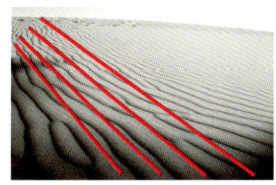

■ 斜线构图

斜线构图常用于表现运动、倾斜、一泻千里的场面，以及动荡、紧张、危险的感觉。也有的画面利用斜线指出特定的物体，起到视觉引导的作用。

■ 放射线构图

放射线构图能够表现出一种开放性和跃动感，常用于表现光线和树木等。一般来说，放射线构图的线性方向主要是由某个点向上下左右发散开来。

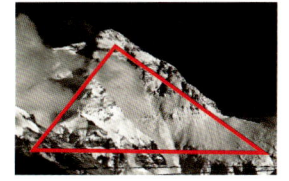

■ 三角形构图

三角形构图是一种古老的构图形式，能给人以均衡、稳定的视觉印象。确立三角形构图的关键是要找到三个不在同一直线上的点。

■ 框架式构图

框架式构图常选择植物、门窗、建筑等作为前景，将被摄主体围在其中，使观者的视线集中于画面主体，营造画面深度，加强画面的透视效果。

PART 2 生态摄影

- 宠物日记——猫咪
- 天使之舞——鸽子
- 虫虫总动员——昆虫
- 芊芊荷影惹人怜——荷花
- 浓妆淡抹总相宜——郁金香
- 沉醉·胡杨林——枯木
- 绿之语——新叶
- 片片落叶都是情——秋叶

宠物日记——猫咪

对于喜欢宠物的人来说，宠物在他们的心中和家庭中都占据了很重要的位置，饲养宠物的主人也乐于拍摄宠物们在家里和户外生活、玩耍的样子。但这些可爱的宠物不能通过语言交流来沟通，使它们明白人的意图，因此拍摄它们也是件不容易的事。

家有宠物的拍摄者们不会放弃任何一个拍摄他们这位特殊"家庭成员"的机会，不过想要拍好宠物还要掌握一些特殊的拍摄技巧，例如低角度拍摄，对眼睛对焦，采用连拍模式等等。这次我们通过实践挑选出其中最实用的几大方法，阅读完这一章，就立刻拿出你的相机为可爱的宠物拍摄吧！

基本拍摄计划

BEST PLAN

- 展现猫咪的可爱特质
- 拍摄独特的猫咪肖像
- 特写猫咪的眼神

实战操作步骤

1. 不同角度展现猫咪的可爱特质

很多人习惯于用人类的平视角度来拍摄宠物，但考虑到大多数宠物的视角基本都在人的腿部以下，所以把镜头放低一些，贴近猫咪的正常视角，拍出来的照片效果往往具有更强烈的视觉冲击力。如果在拍摄时，能将宠物放于高处，使生活中人和宠物的视角对调，也能获得意想不到的画面乐趣。

家庭化的环境让宠物自然亲切

拍摄宠物生活的同时也要展现它们的生活环境。在室内拍摄宠物时，可以在背景中选取具有家庭代表意味的物品来增加温馨、自然、真实的感觉，例如床铺、窗帘、家电等。有时一个恰当的背景比开大光圈让背景全部模糊会更有趣味。使用仰拍的方式拍摄宠物，可以轻松展现出其活泼好动的一面，让观者不由自主地去揣摩宠物好奇而胆怯的心理，这样的画面会更加引人注目。

高角度展示猫咪的活泼好动。

拍摄参数
光圈：F2.8　焦距：17mm
快门速度：1/40s
ISO：400　矩阵测光

大光圈制造朦胧感

拍摄年幼的猫咪可使用大光圈营造出皮毛的朦胧和柔软感，让画面看起来有种温柔甜蜜的感觉，符合幼小的宠物给人的视觉印象。

低角度展示猫咪的乖巧温顺。

拍摄参数
光圈：F2.8　焦距：50mm
快门速度：1/50s
ISO：800　矩阵测光

2. 简单背景拍摄独特的猫咪肖像

其实作为家中的宠物，它们和人是有许多相似之处的。许多宠物有自己的生活习惯，自己的兴趣爱好，也会有喜怒哀乐的情绪表现。将宠物作为拟人化的对象拍摄肖像照，是难度较低又比较实用的做法，尤其适用于表情可爱、身形小巧的宠物。

拍摄宠物肖像在室内室外都可以完成，如果是在室外拍摄要注意不要选择光线太强的天气，因为宠物在强烈的光线条件中很容易感到紧张和疲劳，也容易在面部留下难看的阴影。在室内拍摄宠物大多会感到比较轻松自在，此时还可以引诱宠物做一些特别的姿势，或者在拍摄中加入一些特别的小道具，让画面更有趣。

大光圈过滤掉了杂乱的背景。

拍摄参数
光圈：F2.8　焦距：50mm
快门速度：1/500s
ISO：100　矩阵测光

圆形和曲线元素平衡画面感觉

拍摄宠物露出牙齿的画面，表现的重点是"顽皮"而不是"凶狠"，因此应使用具有幅度变化的构图元素来调节画面，例如圆形和曲线。曲线形的前景给人流畅、协调的感觉；圆形构图则有活泼、乖巧的视觉感受，并且能够充分集中观者的视线。这些元素能够有效平衡宠物表情带来的紧张感。

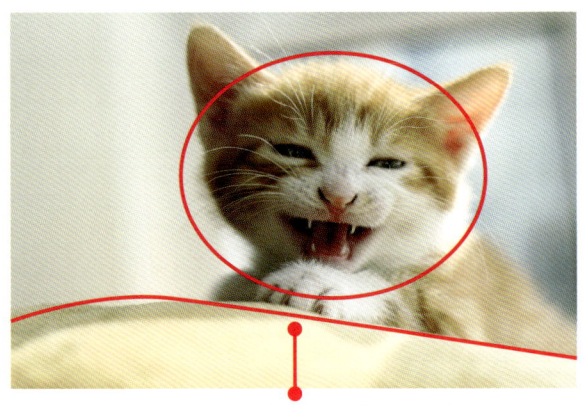

多种构图元素的结合运用让画面不显单调

运用色彩为画面加分

为宠物拍摄肖像照和给人拍摄肖像照是同样的道理，不过为宠物拍摄不用像人物肖像照那样严肃。在单调的画面中，我们可以通过色彩提亮画面，让宠物看起来仍然和生活照一样顽皮可爱。照片中将猫咪放置于暗红色的背景前，主要是想让猫咪细腻的毛发得到清晰的展现。布置高位正面光主要用于突出层次。绿色的项圈成为画面中的亮点，既和背景形成对比，又使猫咪显得漂亮可爱。

绿色项圈和黄色眼睛点亮整体画面。

拍摄参数
光圈：F4.0　焦距：105mm
快门速度：1/40s
ISO：200　矩阵测光

暖色调让宠物看起来有依赖感和温馨感。

拍摄参数
光圈：F4.0　焦距：105mm
快门速度：1/30s
ISO：200　矩阵测光

采用冷色调拍摄宠物肖像

拍摄宠物肖像照，除非是为了追求独特的艺术效果，大多采用标准色温或低色温拍摄，让画面色彩正常还原或偏暖，以体现出宠物带给人的可靠、温馨的感觉。高色温会让画面偏蓝，不仅与宠物本身的形态不符，在视觉心理上也会造成冷淡、凶狠、拒人于千里之外的印象，使人产生不适的心理感受。

3. 近距连拍捕捉猫咪的眼神

宠物的眼神是宠物传情达意的关键,要想拍摄猫咪自然生动的眼神除了要近距离拍摄使眼神充分突出外,还应该使用连拍模式确保活动中的宠物影像更清晰。

从眼神中发掘宠物的性格。

拍摄参数
光圈:F2.8 焦距:50mm
快门速度:1/1000s
ISO:100 矩阵测光

漫射光让眼神和表情十分自然

选择在窗边采用自然漫射光拍摄,不仅让宠物的状态比较放松,也让画面看起来生动自然,充满了生活中的随意感。近距离拍摄让猫咪的眼神成为画面的焦点。

观察宠物的温情时刻

左图是猫咪和自己的孩子相互依偎的温暖场面,拍摄时猫咪温情而略带防备的眼神是表现的重点。

拍摄参数
光圈:F4.0 焦距:50mm
快门速度:1/20s
ISO:800 矩阵测光

捕捉宠物温情的目光。

拍摄宠物时既要保持充分的耐心和爱心，更要有敏锐的观察力。大多数家庭宠物都很"上相"，也很温顺，只要等待它们对你放下戒心就可以拍摄到很好的画面。在宠物摄影中，拍摄者大多都会采用快门优先模式，拍摄纯色皮毛的宠物时还应该合理使用曝光补偿，尤其是纯黑和纯白的宠物。许多拍摄者在拍摄后都有立刻在显示屏中查看的习惯，但在拍摄宠物时这样的习惯可能会错失更多的拍摄机会，一直观察并且跟随你的宠物，这才是得到优秀作品的关键。

以眼神为主，同时在画面中加入对毛发的局部特写。

拍摄参数
光圈：F4.0 焦距：105mm
快门速度：1/40s
ISO：400 矩阵测光

连拍模式抓住瞬间动作

左图是拍摄者使用连拍模式拍摄的猫咪休息时的组照中的一张。拍摄者通过呼唤宠物的名字来吸引宠物的注意力，于是拍摄下了宠物转头望向主人的瞬间动作。由于采用了连拍模式，因此即使快门速度较慢，影像仍然比较清晰。

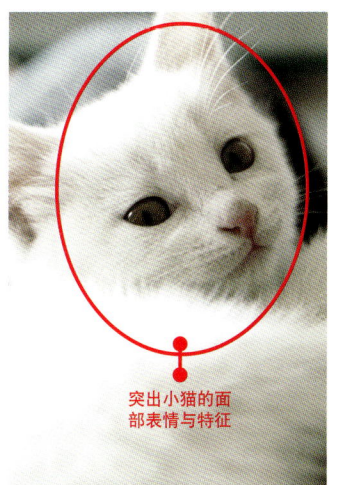

突出小猫的面部表情与特征

✗ 封闭式构图拍摄宠物特写过于传统

封闭式构图较为传统，常常给人带来完整、稳重、均衡的画面感觉，但在拍摄宠物特写时太完整的画面内容会降低照片的趣味，采用开放式构图能让观者在观赏画面时产生更多的联想，并且开放式构图带来的动感也有助于表现宠物的活泼可爱。

天使之舞——鸽子

鸟类摄影是十分具有挑战性的摄影主题,能够找到合适的拍摄对象已属不易,还要顾及影像品质和内涵更是难上加难。这次的拍摄,我们没有选择偏远的野生环境或是人工的鸟类园林,就在街边广场选择了一群白鸽,来探讨鸟类摄影的拍摄技巧。

鸟类摄影作品应该完整地传达出被摄对象与其所依存的生态环境之间的互动关系,使得观者能够籍由图像欣赏到鸟儿生动的表情与动作,神游于它们的世界中,这才是一张成功的鸟类生态照片。鸟类摄影需要极大的耐心与毅力,准备是否充分与器材之优劣也是影响拍摄成败的关键。不过,只要看到自己亲手拍摄的作品,那种难以言喻的兴奋感觉可以说是毕生难忘,即使是观赏者也能感受到这份喜悦。

基本拍摄计划

● 拍摄鸽子的飞翔美姿
● 拍摄鸽子的生活状态
● 拍摄鸽子的外形特写

BEST PLAN

实战操作步骤

1. 选择对焦位置，拍摄飞翔美姿

拍摄鸽子或是其他鸟类飞翔的姿态是拍摄计划中最重要的一部分。在给鸽子拍照时要时刻变换位置以寻找最佳的拍摄角度，但应注意不能离鸽子太近，可使用相机的调整距离功能将它们固定在某个位置。另外，在拍摄的大部分时间里，可先半按快门将焦距对好，等到出现最佳画面时再按下快门，这个方法对于拍摄鸟类十分有效。

此外，很多时候可能会由于鸽子的移动速度太快而导致画面模糊，这时可以考虑使用陷阱对焦方式进行对焦。首先设置合适的距离，比如0.7米，在此之后拍摄者便要时刻注意自己与鸽子的距离，要尽可能保持在有效范围之内，只要鸽子飞入对焦区域即可按下快门。由于焦距已经确定，这样就比较容易捕捉到想要的画面了。

仰拍展翅飞翔的白鸽突出羽毛的细节。

拍摄参数
光圈：F3.6　焦距：40mm
快门速度：1/1000s
ISO：100　矩阵测光

追拍飞鸟的关键因素在于对焦模式

在使用单次对焦模式追拍飞鸟时，需要在一开始就把快门按到底并持续保持追踪，相机在没有合焦前是不会释放快门拍照的。只要保持对飞鸟的稳定追踪，相机完成对焦后就会释放快门，这样就能拍摄到清楚的飞鸟照片了。

借助光线抓拍飞翔的美姿。

拍摄参数
光圈：F4.5　焦距：40mm
快门速度：1/1000s
ISO：100　矩阵测光

✓ 正确的拍摄姿势让影像更清晰

我们都知道，拍摄鸟儿这种灵活的生物需要足够的快门速度才能凝聚瞬间的影像而使照片不模糊。要想保持手稳，关键功夫不仅仅在手上和相机的设置上，更在于身体的姿势，只有保持最平稳的坐姿或站姿，手才能端稳相机。一般来说如果不使用三脚架的话，采用半蹲或坐姿拍摄是最有助于手稳并且相对省力的。

✗ 使用连续对焦模式拍摄飞鸟

很多人第一次尝试拍摄飞鸟时可能会把对焦模式设为连续对焦，但其实连续对焦恰恰是不能追拍飞鸟的。连续对焦的设计特别针对画面中的运动物体，而追拍飞鸟时，飞鸟在画面中是相对静止的，画面中相对运动的是背景而不是飞鸟。

侧面拍摄急速扇动的羽毛带来独特的美感。

拍摄参数
光圈：F6.3　焦距：200mm
快门速度：1/1250s
ISO：100　矩阵测光

2. 把握取景角度，拍摄生活状态

为了避免机械性的记录，拍摄者可尝试从不同角度、配合不同背景、带有目的地拍摄，给照片赋予一定的创意和意义。能够展现鸟类的生活环境、交流互动，这是再好不过的了。因此，拍鸟时不要把它当作"一只鸟"，而应把它当成是你的一件作品。每个人都肯定有自己擅长的拍摄题材，那么拍鸟也带着同样的期待去拍，这样拍到的鸟类照片才会令自己感觉是摄影作品而不是科考记录，拍摄技巧才会不断进步。

拍摄鸽子落在建筑物顶端的画面，构成人与自然和谐的感觉。

拍摄参数
光圈：F5.6　焦距：160mm
快门速度：1/1000s
ISO：100　　矩阵测光

展现鸽子的生活环境

鸽子是最贴近人类生活的鸟类之一，在人们的印象中通常带有和平、纯洁的感觉。拍摄者将城市上空落在建筑物顶端的鸽子与建筑物搭配，彼此烘托，构成自然生物与人为建筑和谐共处的感觉，为画面增添了更多艺术感。

建筑物产生的直线条和作为点状元素的鸽子组成组成有趣的画面

动静对比、大小对比的运用

建筑物与鸽子形成了多角度的对比，包括动静对比、大小对比、单个与群体的对比等等，众多元素的综合运用让画面不显单调，引发观者的观赏兴趣。

俯拍觅食的鸽子，活泼与艺术感并存。

拍摄参数
光圈：F2.8 焦距：20mm
快门速度：1/640s
ISO：100 矩阵测光

等待合适的时机拍摄精彩画面

拍摄鸽子必须有充分的耐心，等待它们起飞、降落或是觅食的瞬间。不过拍摄鸽子的优势是它们已经与人类非常亲近，因此拥有更好的近摄和布局条件。拍摄者在鸽子的食盆旁边等待了许久，觅食的鸽子来来去去，但总没有达到拍摄者心中最完美的形状，一直到这幅画面的出现。

独特的拍摄角度让观者的视线向画面中心汇聚

3.
巧妙利用环境，拍摄外形特写

当鸽子结束飞行，到地面上来觅食饮水的时候，拍摄鸽子外形特写的最佳时机就出现了。当运动的鸽子处在静止状态时，拍摄者拥有更多的构图时间和拍摄机会，拍摄的成功率也比较高。

拍摄外形特写，主要在于展现层次繁复的羽毛和最具灵性的眼神，把握好对焦和测光可以让细节和纹理表现得更加突出。

灵活利用鸽子本身的色彩细节增添画面趣味。

拍摄参数
光圈：F2.8　焦距：180mm
快门速度：1/800s
ISO：自动　矩阵测光

利用小物体为画面加分

在这张照片中，最突出的是鸽子眼睛和喙那可爱的橙色，若隐若现的背景也容易引发观者的联想。拍摄者准确的曝光不仅充分展现了鸽子羽毛的色彩，也让其中的细节纹理保留下来。对鸽子的眼睛部分对焦，同时转变拍摄角度使自然光成为眼神光，让鸽子看起来更有灵性，显得美丽活泼。

光线的角度对于展现外形也很重要

和拍摄人物肖像一样，柔和的高位侧光能增加外形的立体感，在拍摄鸽子时侧光也体现出了这样的优势，光线的角度让羽毛显得更加光滑明亮，充满活泼感的觅食姿态十分可爱。

灰色调的路面让色彩稍带艳丽的鸽子得到突出。

拍摄参数
光圈：F6.3　焦距：250mm
快门速度：1/800s
ISO：100　矩阵测光

PART 2 **生态摄影**

虫虫总动员——昆虫

要拍好昆虫照片，首先应当对昆虫的习性有所了解。色彩艳丽动人的花朵常常得不到昆虫的青睐，相反许多昆虫喜爱蒲公英之类的草木植物。美丽的蝴蝶似乎总愿意选择高处的花朵，这使得我们无法用微距镜头拍摄。由于风常常吹得枝头来回摆动，因此对焦必须迅速准确。

基本拍摄计划

- 拍摄昆虫的生活环境
- 拍摄昆虫的微距特写
- 创意构图拍出意境

BEST PLAN

实战操作步骤

1. 利用色彩和背景渲染昆虫的生活环境

昆虫在采集花蜜时十分专注，这对拍照十分有利，选择适当的背景点缀昆虫的活动，可以让画面看起来内容更丰富，也能为画面添加更多的色彩元素。拍摄时可以选择花朵簇密的花丛，以花瓣为背景，由上往下拍；或是采用低位近距离侧拍，这样可以避免背景单调。拍摄蝴蝶是比较容易的，而且蝴蝶也是最美丽的拍摄对象之一。多数蝴蝶都是悠然自得地停栖在花朵上，这使我们有足够的时间去构图、对焦。蜜蜂是最难拍摄的昆虫，因为它总是不停地飞来飞去，拍摄者必须迅速、准确地构图、对焦，以及决定如何曝光。

斑斓的色彩绝对是画面最具吸引力的部分。

拍摄参数
光圈：F14.0　焦距：200mm
快门速度：1/160s
ISO：自动　矩阵测光

封闭式构图让主体突出

当画面中的背景对主体造成一定影响时，将被摄主体放在画面中心，是让其从纷杂的背景中脱离出来的有效方法之一。尽量突出蝴蝶和花朵在形态上的区别，这样就会形成最能抓住观者注意力的封闭式构图。

以大朵的花为背景让画面显得更加活泼

黄色花朵作为陪体非常适合蜜蜂这样的被摄主体。

拍摄参数
光圈：F6.3　　焦距：100mm
快门速度：1/400s
ISO：200　　矩阵测光

选择合适的陪体让主体更生动

蜜蜂自己不懂得选择何种颜色的花朵吸取花蜜，但拍摄者却可以等待它来到合适的花朵上按下快门。在拍摄蜜蜂这样特色鲜明的昆虫时，选择合适的陪体能够更好地突出蜜蜂生动可爱的感觉。

在复杂的画面中选择合适的测光点

当昆虫处在杂乱的环境中时，可能会出现光源复杂、测光点众多的情况，不过只要遵循主体曝光准确的原则，环境光稍微不准也是可以接受的。

合适的测光点有助于色彩的充分体现。

拍摄参数
光圈：F6.3　　焦距：100mm
快门速度：1/320s
ISO：200　　矩阵测光

2. 长焦拉近让昆虫的微小世界无限放大

昆虫的个体不大，拍摄它离不开长焦和微距镜头。昆虫摄影的主体是昆虫，因此一张好照片的基本条件就是作为主体的昆虫要清晰并有足够的细节。为了得到更多的主体细节，首先要选好焦点的位置。现在的数码单反相机会自动选择焦点范围内的最大反差处聚焦，但有时这一点并不一定是我们想要的焦点，因此选择手动对焦是必要的。其次是要找好焦平面，确保想表现的细节都包含在焦平面范围之内。有了这些再加上稳定地握持相机，最好是使用三脚架，就可以得到一张清晰的昆虫照片了。

预先对焦准确把握昆虫出现的瞬间。

对昆虫头部进行精确对焦

拍摄参数
光圈：F8.0　焦距：100mm
快门速度：1/30s
ISO：400　矩阵测光

三脚架对于昆虫摄影有重要作用

三脚架在昆虫摄影中是必不可少的，只要是拍摄清晰的静态昆虫照片，都应该使用三脚架。虽然这样做可能会失去很多拍摄机会，但可以保证拍出清晰的照片。拍摄昆虫的三脚架不需要中轴，三条脚管能分开的角度越大越好，这样就可以使相机在需要的时候，尽可能地贴近地面。

捕捉昆虫的细微动作展现动感。

拍摄参数
光圈：F5.6　焦距：100mm
快门速度：1/400s
ISO：100　矩阵测光

选好焦点和焦平面

微距摄影的目的是为了得到更大和更清晰的被摄体图像，所以要根据主体和周围环境确定正确的曝光值。原则是高光点不要溢出，暗调部分要尽量保留层次。在自然环境下很难得到理想的光线，因此要采用补光，遮光等手段，从角度上尽量避开不适合的光线和角度，这样才能获得一张漂亮的昆虫照片。

小心地靠近被摄体

对于大多数昆虫来说，通常不必担心相机发出的声音会影响它们，因为户外本来就是一个嘈杂的环境。但是快速移动时一定要小心，因为这会让拍摄对象飞走或跑掉，小心地向目标靠近是最好的方法。移动时的速度可能每分钟只有几厘米，但是请相信，这种耐心肯定会有所回报！为了拍摄到完美的照片，花费大量时间跟踪一个令人吃惊的画面是很常见的。

使用长焦拉近焦距放大镜头前的昆虫。

拍摄参数
光圈：F6.3　焦距：100mm
快门速度：1/200s
ISO：200　矩阵测光

3. 创意构图增添诗意感觉

如果只是单纯地近距离拍摄昆虫，作品的雷同性常常会困惑拍摄者。如何在大量相近的作品中找到一种独特的画面表达方式，让自己镜头中的昆虫散发出独特的魅力，这是本节我们要探讨的问题。

昆虫在中国画中也是常见的创作题材，因此我们在拍摄时，不妨参考一下中国传统国画的构图方式，表现出昆虫摄影中不常出现的"意境感"。例如留白、虚化、勾勒等，通过光影的手段实现创意构图。

轻微晃动镜头增加迷离朦胧的效果。

拍摄参数
光圈：F6.0　焦距：100mm
快门速度：1/1500s
ISO：100　矩阵测光

✗ 完全虚化画面并不能增强艺术效果

当想要拍摄一定程度的虚化画面时，要注意虚实的结合。例如左图画面中虽然花朵大多是虚的，但蝴蝶却比较清晰，虚实结合才能带来愉悦的观感效果，完全虚化的画面是不可取的。

竖线条和点元素结合让画面更有条理感

刻意的虚化画面反而获得出乎意料的效果

拍摄者在拍摄时采用轻微晃动镜头的方法来营造画面中的动态和朦胧感，少见的构图方式带来新鲜的画面，让蝴蝶在不经意间显得更加动人。

独特的取景视角让画面看起来别有新意。

拍摄参数
光圈：F6.3　焦距：120mm
快门速度：1/3000s
ISO：自动　矩阵测光

纯色背景给予主体表现空间

拍摄者仰拍枝头的蝴蝶，纯粹的蓝天成为大然的背景，不但色彩简单干净，也没有影响画面本身立体感的展现。花朵和蝴蝶身上或浓或淡的黄色与背景的色彩形成对比，鲜明的色彩赋予画面更多的跳跃感，洋溢着春天热情活泼的气息，给人留下深刻的视觉印象。

巧妙的色彩对比和简洁大气的构图让人印象深刻

以自然光拍摄增添自然气息

拍摄蝴蝶、蜻蜓这一类在明亮地方活动的昆虫，最好使用自然光。这样拍出来的照片气氛自然，色调柔和。此外，在宽阔的野外拍摄灵活的昆虫，使用三脚架会不太方便，因此要特别注意手震、失焦等问题。一般来说，拍摄昆虫的快门速度不能慢于1/250s，光圈用F8.0或F11.0较好，不过要想获得背景虚化效果则要使用大光圈，ISO感光度使用ISO200或更高值为好。

创意留白赋予画面更多内涵和意境。

拍摄参数
光圈：F8.0　焦距：100mm
快门速度：1/100s
ISO：100　矩阵测光

结合顺光与逆光

花草、树叶在中午太阳直射时观看不如在阳光斜射时观看优美，拍摄昆虫也是同样，需要注意曝光问题。如果昆虫只占画面的一小部分，对着颜色较深的昆虫测光，背景必然会曝光过度，而对着背景测光，昆虫部分又会曝光不足。解决的办法是用反光板为昆虫适当补光，营造顺光和侧光相结合的自然感觉，这样既简单又能取得较好的效果。

大光圈让背景完全模糊

为了突出主体，虚化杂乱的背景，使用大光圈与长焦距是常见的做法。要清晰凝固运动中的被摄体，需使用大光圈，快门速度1/250s以上，不用脚架，以便于移动抓拍。右图中拍摄者预先选好了昆虫的着陆点，通过预先对焦弥补了快门速度的不足。

拉近镜头对焦昆虫展现清晰细节。

拍摄参数
光圈：F5.6　焦距：100mm
快门速度：1/60s
ISO：100　矩阵测光

芊芊荷影惹人怜——荷花

临近夏日的时候，静幽的荷花开始一点点展露出动人的美姿，也让守候已久的生态摄影爱好者们迎来一年中最适宜拍摄的季节。不仅仅是荷花，其他众多的绿色植物都在这个时间变得郁郁葱葱，青翠欲滴，大片的绿意涌进人们的视野，散发令人着迷的气息。在镜头的世界里，光线就像画笔一样，一点点描绘着荷花池畔的夏天。

基本拍摄计划

BEST PLAN

- 拍摄不同焦段下的荷塘景象
- 拍摄千姿百态的荷花
- 拍摄荷花、荷叶相映成趣的画面
- 拍摄荷塘中的小景小物

实战操作步骤

1. 选择多个焦段，获得更多取景视角

要想多视角拍摄荷塘中的荷花、荷叶，准备从广角到长焦不同焦段的镜头是很有必要的，虽然这可能意味着要携带两支甚至更多的镜头。广角镜头可以拍摄离自己很近的植物细节或是整个荷塘欣欣向荣的场景；中长焦镜头则可以捕捉到较远的、池塘中间的荷花，突出其质感和脉络，在遇到不同的光线情况时也可以灵活调整。

采用超广角拍摄荷塘全景。

拍摄参数
光圈：F8.0　焦距：20mm
快门速度：1/80s
ISO：100　中央重点测光

在构图中加入不同元素
标准的水平线构图容易让画面显得呆板，因此在画面中加入视觉趣味点打破平衡，可丰富画面的元素内容。

拍摄荷塘时，借助水平线构图可营造安静平和的氛围，又为天空和荷塘的景色保留了足够的展示空间。蓝色和绿色的主色调带给人清新愉悦的心理观感，纳入荷塘中的凉亭更有一种超脱尘世的意境。

用长焦将景物聚集在画面中。

拍摄参数
光圈：F5.6　焦距：300mm
快门速度：1/320s
ISO：100　矩阵测光

用长焦镜头拍摄池塘中心的荷花

使用长焦镜头将荷塘中心的荷花拉近拍摄，开大光圈使背景模糊，让荷花得到充分展现，周围几朵含苞待放的花蕾增添了活泼的感觉。

用标准镜头拍摄荷叶露珠

标准镜头让画面色彩和比例都很协调，符合人眼的正常视觉。将荷叶中心放置在画面的左上角，让植物的脉络成为放射状的线条，在增强视觉冲击力的同时引导观者的视线到达主体露珠。

标准镜头准确还原比例。

拍摄参数
光圈：F5.6　焦距：55mm
快门速度：1/160s
ISO：200　点测光

2. 拍摄千姿百态的荷花，凸显花卉的色彩

在荷叶纯粹的绿色背景中，无论是颜色深浅的荷花都可以得到色彩上的充分展现。荷花本身具有一定的色彩变化，随着初夏盛夏的推移会产生不一样的色彩效果。对于拍摄者来说，拍摄荷花和荷叶的颜色对比是很有趣的。此外也可以通过改变色温、使用多重曝光等方法拍摄出极具创意效果的画面。

包围式曝光法拍摄荷花。

拍摄参数
光圈：F5.6　焦距：400mm
快门速度：1/1000s
ISO：200　　点测光

合适的曝光让荷花更有层次

曝光比正常时降低了半档左右，因此背景看起来接近纯黑色，并且因为环境背景呈暗调，荷花曝光正常，因此荷花花瓣上的精细纹理可以得到充分展现。

让荷花只占据画面的一部分会更加唯美。

拍摄参数
光圈：F5.6　焦距：150mm
快门速度：1/160s
ISO：200　　点测光

✗ 过近距离的拍摄会让荷花挤满画面

荷花本身具有丰满的形态，因此在构图时不应将画面布置得太满，为荷花保留一定的展现空间会增添意境。留白式构图此时就很适用。

运用多重曝光的方法拍摄荷花，对于主题鲜明的作品可以营造出不俗的艺术效果。拍摄之前要构思好画面，开始拍摄时每拍一次后要尽快调整下一次的曝光设置，然后移动镜头拍摄已构思好的二次画面。两次拍摄之间的间隔时间不要太长，建议控制在30秒之内，太慢相机就会变成一次曝光设置，多重曝光就失败了。

使用多重曝光手法拍摄荷花的创意效果。

拍摄参数
光圈：F9.0　焦距：300mm
快门速度：1/50s
ISO：100　点测光

多重曝光手法取景技巧

在取景时，第一次先取主体，第二、第三次移动镜头再取需要的辅助画面。

捕捉睡莲鲜明的色彩

睡莲拥有比荷花更为艳丽的色彩，在画面中多呈活泼、神采飞扬的状态，拍摄时要充分突出其具有吸引力的色彩。采用暗色背景或对比色与之搭配，能给人带来强烈的视觉印象。

搭配合适的背景让睡莲更加突出。

拍摄参数
光圈：F6.0　焦距：100mm
快门速度：1/90s
ISO：自动　矩阵测光

3. 合理组织主体、陪体，让荷叶展现别样风情

在拍摄花卉的时候，资深摄影师有一条共识：在红色的背景前拍摄红颜色的花朵非常难。同样的道理也适用于拍摄深深浅浅、绿意扑面的荷叶。要在同色系的背景中突出主体，不仅要有独到的眼力选择合适的拍摄角度，更要灵活地借助光线增加主体的视觉吸引力。拍摄完美丽的荷花之后，让我们来尝试拍摄有一定难度的荷叶吧。

搭配花蕾让荷叶更加动人。

拍摄参数
光圈：F7.1　焦距：19mm
快门速度：1/250s
ISO：100　中央重点测光

花蕾点缀其间增加动感

运用陪体丰富画面
在荷叶为主体的画面中加入花蕾来点缀画面，不仅可以让颜色更加丰富，花蕾形成的点状构图元素也为荷叶本身的曲线增添了动感。

荷叶的轮廓本身就是不规则的曲线形状，在拍摄个体时可以轻松拍出优美和迎风招展的姿态，但是拍摄群体的时候容易因为散乱的线条产生杂乱的感觉。因此在拍摄荷叶时，灵活地选取拍摄角度是很重要的，有时仰拍可以比俯拍获得更好的效果，或者也可以选取具有引导视线作用的前景添加到画面中。

曲线与开放式构图带来更多美感。

拍摄参数
光圈：F2.8　　焦距：20mm
快门速度：1/250s
ISO：100　　矩阵测光

仰拍荷叶的背部纹理

向上仰拍的拍摄角度体现出荷叶柔和的曲线和向上生长的动感。采用开放式构图拍摄局部，使荷叶相互组合成曲线线条，为画面增加了美感和新意。

多个主体拥挤排列

在拍摄多个主体，尤其是色彩差异比较大的主体时，应注意不能让主体间排列得太紧，否则很容易使其中某个主体成为陪体，失去多个主体并存的画面趣味。

用色彩来突出画面中的多个主体。

拍摄参数
光圈：F5.6　　焦距：50mm
快门速度：1/80s
ISO：100　　自动测光

4. 低角度抓拍小景小物，让荷塘的气息无处不在

在拍摄完了荷花荷叶之后，预定的拍摄计划已经完成大半，最后就以拍摄荷塘周围的小景小物作为收尾。拍摄池塘边的小景没有拍摄荷花荷叶那么多的要求，自由创作的空间比较大，关键在于以角度取胜，拍出"以小见大"的趣味效果。

运用对角线构图表现露珠。

拍摄参数
光圈：F5.6　焦距：400mm
快门速度：1/100s
ISO：100　自动测光

对角线构图汇集观者视线到画面中心，使圆形的露珠得到最大限度的突出

对角线构图集中视线

使用长焦近距离拍摄枯萎荷叶上的露珠，荷叶的形态形成对角线构图，有很强的纵深感。露珠位于两条对角线的交点上，引导人们的视线到画面深处，使构图显得对称而饱满。

总的来说，拍摄荷花，不管是写实还是写意的表现，都必须重视立体感、质感、空间感等画面效果。由于顺光对主体与背景的分离不明显，光线平直、单调，因此并不推荐；采用前侧光、侧光、侧逆光甚至逆光拍摄效果最好，可使影像层次丰富，光影效果更加突出。

浓妆淡抹总相宜——郁金香

在摄影艺术中，花卉摄影与风光摄影、人像摄影一样，已成为一个单独的门类，它以花卉为主要创作题材和拍摄对象。花卉摄影在技法上有许多特殊的要求，与人像、风光摄影有很多不同之处，如取材、用光、构图、背景、色彩表现等都要适合花卉摄影的特殊要求和效果。同时，花卉摄影需要较多地使用近摄的拍摄方式，才能拍摄出艺术性较高的作品。

要想获得优秀的花卉摄影作品，在平时就要常加练习，拍摄足够多的花卉种类之后，逐渐就可以摸索到拍摄花卉的方法。本节以拍摄郁金香花为例，为大家介绍如何将花朵拍摄得更加美丽动人。

基本拍摄计划

BEST PLAN

- 拍摄繁花似锦的美丽场面
- 拍摄不同角度下的花卉姿态
- 创意布局表现花卉色彩

BEST STEP 实战操作步骤

1. 长焦镜头让纷繁的花朵在画面中更加饱满

用长焦镜头拍摄远处景物，影像质量受天气影响较大，紫外线、尘埃和水汽都会使影像清晰度下降、反差变弱和色彩不饱和。因此，使用长焦镜头拍摄远处景物时，最好要选择反差较大、色彩较饱和的景物作为拍摄对象，在拍摄花卉时则应选择色彩对比强烈的对象进行表现。

长焦镜头的成像特点是产生空间透视压缩感。利用这一特点，原来有一定距离的前后景物可表现成紧密相连的关系。因此，长焦镜头很容易表现出紧凑拥挤的画面效果。拍摄花卉的大场面使用广角镜头可能会比较松散，长焦镜头更易于展现出花朵繁盛的感觉。

水平线条营造明朗开阔的视觉感受。

拍摄参数
光圈：F4.5　　焦距：100mm
快门速度：1/200s
ISO：100　　矩阵测光

横幅画面更适合展现色彩丰富的繁花效果

用色彩的层次来表现大面积的花卉

大面积地拍摄郁金香时应注意线条、明暗的对比，色彩的和谐，既不要过于凌乱，也不能过于单调，要表现出韵律美。除拍摄盛开的花朵外，还可拍摄含苞欲放的花蕾或是闭合的花朵。

深浅颜色的对比让线条美感更加突出。

拍摄参数
光圈：F5.6　　焦距：70mm
快门速度：1/500s
ISO：100　　矩阵测光

借助色块表现花卉

不同颜色的花卉组合在一起，会形成自然的分割线条。构图是花卉摄影的一项主要技法，也是一种重要的造型手段。在主体突出、构思新颖、造型优美的前提下，变换不同的取景角度，可获得真实、生动、完美的形象和富有韵味的意境。选择在不同色块的交界处取景，突出色彩之间的对比，也能起到突出强调的作用。

曲线构图展现花卉布置中优雅舒展的线条

忽略画面中对象的疏密程度

拍摄花卉尤其要注意画面的疏密程度，像曲线这样的构图元素也有对称的意味在其中。这一点尤其适用具有一定反差的拍摄对象。例如明度的对比、颜色的对比、形态的对比等等。当这种对比的效果不明显时，曲线线条的力量就会大打折扣，特别是像花卉这样以色彩博得眼球的拍摄对象会体现得特别明显。因为色彩的相近容易造成人视觉上的混淆，曲线的形态因此变得不明显。

2.
利用多角度的拍摄方法，展现花卉多样形态

拍摄花卉不像拍摄山水风光，更多的是从小处着眼，构思构图均是在一个相对较小的范围内进行。拍摄者需要精心安排色彩、线条、影调、光线等元素，处理陪体、前景、背景和主体的关系，最终达到突出表现主体的目的。

根据表现主题的需要，花卉摄影的取景范围可大可小。全景可以表现规模气势，群芳争艳；特写可以表现纹理质感，突出花的神韵。拍摄主体既可以是怒放的鲜花，也可以是含苞待放的花蕾。取景时切忌贪多，选取一两朵色彩、形态俱佳者拍摄即可，同时尽可能采用近摄模式，使主体突出。在拍摄角度上也有多种选择，常规的拍摄角度容易获得自然真实的视觉感受，但是针对不同花卉的特点，可以采取不常用的拍摄角度。例如像郁金香这样的被摄对象，它的茎杆修长优美，除使用俯视角度拍摄外，仰视角度拍摄也非常适合。

虚化背景让花朵从画面中凸显出来。

拍摄参数
光圈：F5.6　　焦距：200mm
快门速度：1/800s
ISO：100　　矩阵测光

虚实结合拍摄单一花朵

左图拍摄者利用长焦、大光圈的浅景深效果，巧妙地使主体前后景适当地、不同程度地虚化，得到错落有致、虚中带实的"梦幻"效果。在看似混乱的画面中，其实存在着很多不同的、渐变的虚实层次，让一个简单缤纷的画面包含无限的情趣。使用这种拍摄方法需要注意的是要有适当的主次关系，不要让背景过于空泛，适当的虚实结合也是光圈控制经验的体现。

仰拍角度突出花朵茁壮的生命力。

拍摄参数
光圈：F5.6　　焦距：130mm
快门速度：1/1000s
ISO：100　　点测光

仰拍花朵容易获得有特色的视觉效果

根据需要，拍摄者可以灵活选择视角，采用平拍、俯拍或仰拍的手法拍摄体形较大的花朵。俯拍时常会把地上的泥土或花盆拍进画面，即使被虚化也非常难看，此时蹲下身来平拍或仰拍，效果可能要好得多。不同的拍摄角度会对构图产生重要的影响。因此，选择什么样的角度拍摄郁金香或其他花朵，是需要花些时间细细琢磨一番的。

不同角度的选择获得不同的光影表现

不同的视角决定了物体表现的角度，例如上图仰视拍摄郁金香。仰拍的方式让天空成为美丽的背景，既给了郁金香更好的展示空间，也使画面变得更加简洁有力。在对花卉进行构图时，无论是光线还是视角的选择，最重要的一点就是要与众不同，拍摄者应大胆尝试不同的观察和取景角度，以呈现出更多不同的拍摄效果。

仰角拍摄花朵的枝干会产生由外向内汇聚的效果

平视角度让花朵展现自然的光影形态。

拍摄参数
光圈：F2.8　焦距：50mm
快门速度：1/3200s
ISO：100　矩阵测光

逆光位置让背景呈现黑色突出主体

拍摄花卉光线的选择很重要

拍摄者要充分利用现场的自然光，如果能用反光板作为辅助光会使画面效果更好。但要提醒大家的是，拍摄郁金香时最好不用闪光灯补光。除此之外，侧逆光对于拍好郁金香有很大帮助。采用侧逆光拍摄容易获得暗背景来衬托主体花朵的丰富层次，且色彩真实，饱和度高。

3.
独具创意的画面布局让花卉色彩更加鲜艳

在多数情况下，花卉摄影的构图一定要忌乱求简，否则就会陷入主次不明、画面语言混乱的困境。一些经验不足的摄影者，往往希望自己的镜头能同时摄取到更多的花朵，殊不知太多的图像信息会造成焦点的盲从，从而使整个画面失去主体和亮点。

当然，对于开放式构图来说，仅有花朵也是不够的。没有多变的枝干线条可以利用，花儿的叶子也可以帮衬一下，毕竟好花要有绿叶相衬才会更加完美。

花朵和叶片颜色的对比让花朵本身的色彩更加突出。

拍摄参数
光圈：F2.8　　焦距：50mm
快门速度：1/2000s
ISO：100　　矩阵测光

✓ 拍摄郁金香应善用对比手法

如虚实对比、色彩对比、明暗对比、形状对比、透视对比等，以提高画面的感染力。此外还要求拍摄者具有细致入微的观察力，对环境、光线条件能够扬长避短地加以利用，才能获得令人满意的画面效果。

✗ 采用中心式构图营造色彩对比

当画面中出现色彩对比元素时，整个画面的感觉一定是活泼动感的，包含这种动感元素的画面就不适合采用传统的中心式构图法。

✓ 逆光角度更有利于突出形态

利用光线透过花朵或叶片形成的透亮感，可以产生很特别的透光效果，照亮花朵，突出轮廓，使本来平淡无奇的花卉照片生动起来，充满生机。同时，逆光也是最难掌握的一种光线，因为在这样的光照条件下，相机的内测光系统往往不能准确地测出曝光数据，所以逆光拍摄是需要有一定经验与技巧的。此外，逆光拍摄还要注意太阳与地面的照射角度，太低的入射角很容易引起眩光，直接影响画面的质量。

大光圈让背景中的光斑呈现可爱的圆形。

拍摄参数
光圈：F2.0　　焦距：50mm
快门速度：1/2500s
ISO：100　　中央重点测光

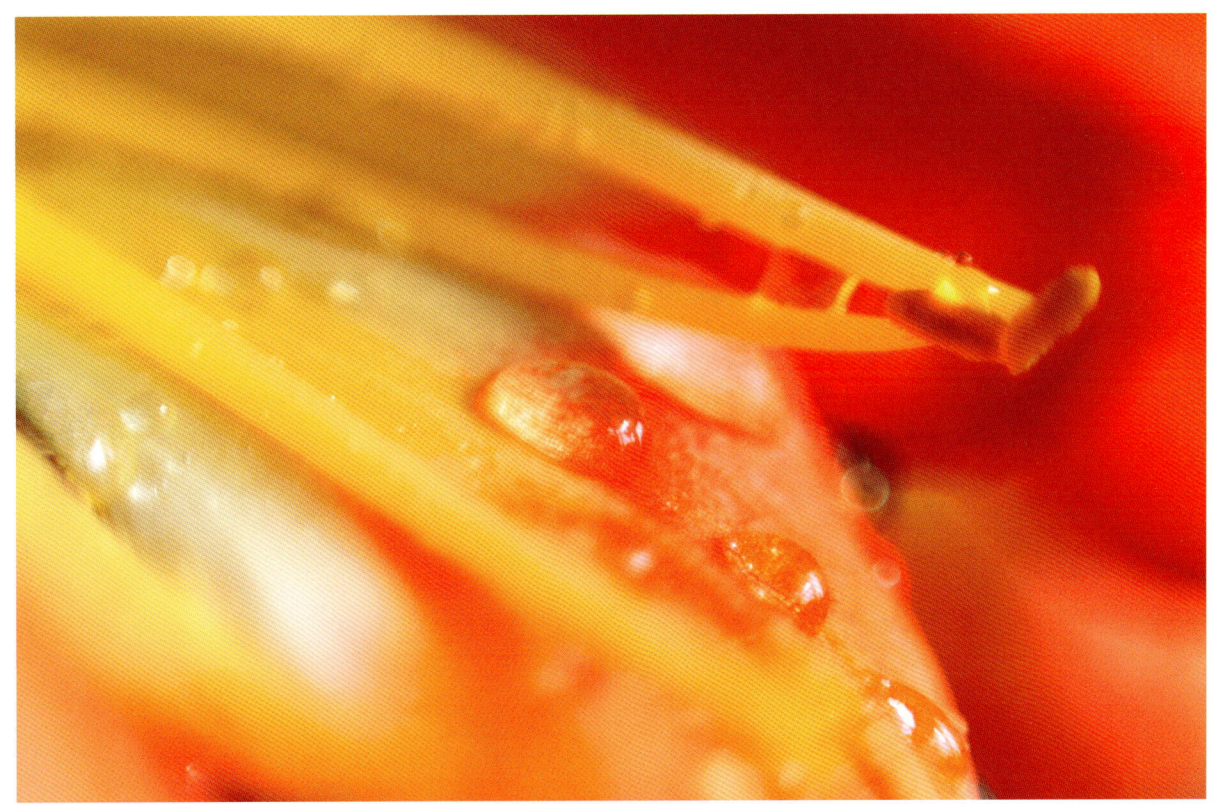

近摄镜头拍出梦幻般的效果。

拍摄参数
光圈：F4.0　　焦距：130mm
快门速度：1/400s
ISO：100　　矩阵测光

有方向性的直线线条和圆形
露珠引导观者视线

采用微距或近摄方式拍摄花卉

近摄是花卉摄影的重要技法之一。用于近摄的微距镜头的对焦距离比标准镜头的对焦距离更近一些，所以能够获得更大的成像。采用近摄方式可以挖掘花卉摄影领域更多的神奇画面，带领观者进入普通镜头所不可及的微观世界。

　　如果说观花赏草是一件惬意的事情，那么用相机定格自己喜爱的花朵更加其乐无穷。因为"咔嚓"一瞬间，融入了拍摄者无穷的智慧，也将其实的花朵升华为艺术作品。花卉摄影浓缩了用光、构图、曝光技巧、图片语言运用等多方面的技术，可谓是审美情趣和视觉控制力的集中显现。

　　其实，花卉本身就充满着丰富美丽的元素，叶片的油润、花茎的绒刺、枝干的粗糙，以及随风摇曳的姿态等，都是花卉摄影中不可忽视，而又充满魅力的细节。然而花卉摄影内容广泛，并不是一朝一夕就可以完全把握的。所以，多总结，多交流，拍出乐趣，拍出快乐才是最重要的。在拍摄花卉的过程中，其写意诗情感悟自然的氛围，远远超越了写实于生活的现实意境，一种超脱尽在画中。由此看来，高水准的花卉摄影作品，也正如国画或音律一样，纵情于境，寓情于景，借景抒情。

沉醉·胡杨林——枯木

多姿多彩的树木是生态摄影中最常见的拍摄题材之一。无论是把树木作为风景中的焦点，还是把它们作为画面的主体，都是值得我们拍摄的对象。对于树木来说，不同季节有不同的风韵，这次拍摄者就选择了秋天的胡杨林作为拍摄对象，金色与蓝色是画面色彩的主角。为了拍好风景中的树木，我们要充分利用它们千变万化的枝干形状，同时也要精心刻画它们那些外形精美、色彩丰富的叶子。

由于我们在日常生活中经常看到树木，因此很容易低估它们的拍摄潜力，但现在我们要改变这种想法了，因为即使是单独的一棵树，只要表现的方法得当，也可以成为一幅绝佳的风景。

基本拍摄计划

BEST PLAN

- 表现胡杨林的光影质感
- 拍摄胡杨林的剪影
- 黑白影调凸显胡杨林的顽强品格
- 不同景别塑造胡杨林的不同观感

实战操作步骤

1.
通透光线描绘胡杨林的光影质感

胡杨林位于我国西北地区,最好的拍摄季节是在秋季。借助光线可以凸显出胡杨林的迷人风采。秋季通透而不强烈的光线绝对是画面中必不可少的部分,通过光线的装饰,胡杨林的色彩不仅显得更加鲜明,也充满了光线与树影彼此辉映的美感。

拍摄时,要注意合理选择测光模式和曝光组合,让阴影的暗部层次和叶面的亮部层次都得到合理充分的展现,选择区域测光或者点测光模式能够帮助相机取得更加准确的曝光值。此外,对于天空的色彩也要注意保留,尽量让天空微妙的色彩变化在画面中体现出来,可以考虑使用偏振镜或降低一档曝光达到效果。

树影比树木本身更加具有吸引力

拍摄者在拍摄时故意将自己的影子纳入其中作为前景,具有指示方向的人影让观者的视线随之向画面中心移动。周围的树影与拍摄者的影子相互呼应,使画面的下半部分更饱满充实。画面的总体影调也较为和谐完整,没有整体偏亮或偏暗的感觉。

位于中间位置的水平线有自然划分画面的效果。

拍摄参数
光圈:F10.0　焦距:18mm
快门速度:1/200s
ISO:200　矩阵测光

在风景画面中加入细节可让画面更加具有趣味观感。

拍摄参数
光圈：F13.0　　焦距：50mm
快门速度：1/40s
ISO：320　　矩阵测光

✓ 正确的拍摄位置让影像更具视觉冲击力

在落日千变万化的光线中，拍摄者注意到了从云层中投射到树干关节部分的这缕明亮的光线，并选择了最能直接体现这种奇妙景象的位置，按下快门。画面下半部分本应完全呈现出暗部氛围，但在光线的照射下，关节处的树干反而显得更加突出，与画面上半部分的明亮形成呼应。

光线的投射方向让画面的明暗部分体现得十分明显

✗ 完全避开生态照片中的非自然细节

在拍摄生态照片时，因为影像的主角是生态植物，拍摄者大多会避开周围环境中的人为因素而让画面被主体植物填满。其实有时在画面中加入一些带有人工痕迹的细节也能为画面加分。例如人造的仿自然类景观，或是和静物形成强烈色彩对比的元素。像上面这张照片的远景中，隐约出现了衣着鲜艳的人物的身影，使画面有种耐人寻味的感觉。

简单的色彩给人强烈的视觉印象。

拍摄参数
光圈：F9.0　　焦距：17mm
快门速度：1/200s
ISO：100　　中央重点测光

虚实结合、大小对比营造空间感

适当的虚实对比关系可以营造出良好的视觉空间，而瞬间艺术的意境正是源于这种视觉空间感。左图中以隐形曲线排列的树木由近到远呈大小对比，远处的树影虚，近处的树影实，通过这样的虚实对比就体现出了场景的空间感。地面上的投影和树木间的明暗交错，让平凡的景色能够有效抓住观者的视线，树木在蓝色天空的映衬下显得更加耀眼。

2. 逆光剪影勾勒胡杨林的个性姿态

在树林中拍摄时，应选择侧逆光或者逆光。在这种光线下，树叶被强烈的阳光照透，能显示出明亮悦目的绿色或灿烂的金色，使主体与背景能够明显区别开来，表现出更好的层次感。拍摄树木最好利用自然界的季节及天气变化，如秋天的红叶和黄叶、林中的雾气、雨雪过后等，都是拍摄树木的好时机，会使照片更加精彩。

在林中拍摄，控制曝光是关键。曝光过度会使景物的色彩变的暗淡无力，曝光不足则会使景物显得淡而无光。因此拍摄时不能以受到阳光照射而呈透明的树叶为曝光依据，这样会使整个树林中背光的树木都丧失细节和层次。

逆光角度勾勒出树干粗壮的形态。

拍摄参数
光圈：F4.0　　焦距：24mm
快门速度：1/50s
ISO：100　　中央重点测光

树木和落日的比例大小拉开了
画面的空间距离

剪影让暮色的氛围更加强烈

拍摄树木不必非得在阳光普照的天气，日出日落时分也可以拍摄出壮观的照片。我们可以采用简单的构图来拍摄一棵树木，如上图中这棵树并不在画面的中央，使得它弯曲的树干可以伸向画面四周，给原本静态的画面增添了一丝动感。落日的色彩对比打破了画面单一的颜色，从而达到使主体树木更加突出的目的。

在摄影中，把背景明亮，而主体只呈现出清晰的轮廓，却没有细节影像的照片称为"剪影照片"。剪影照片重点表现的是拍摄对象的轮廓，无论拍摄对象是人物、树木还是山峦都是一样，它们的细节已经不是我们的关注重点，似剪刀裁出的锐利外形才是摄影师追求的目标。

剪影照片以对背景的测光为曝光依据，主要利用逆光拍摄，即使被摄对象处于拍摄者与光源之间，被摄对象的正面无法被直接照亮，甚至接近全黑，而背景（一般是天空）的层次、色彩则表现得比较充分。剪影照片能很好地描述被摄对象的姿态，同时重点强调背景，因此照片的环境感很强。

日出日落时比较适合拍摄剪影照片，此时光线柔和，质感很好，很容易拍摄到效果不错的照片。同时，由于光线还不那么强，被摄对象的正面也不会被各种反光照亮。

放射状的线条有助于色彩的表现。

拍摄参数
光圈：F13.0　焦距：24mm
快门速度：1/125s
ISO：200　中央重点测光

准确曝光对于剪影照片十分重要

除了主体的姿态、轮廓外，曝光的准确性也是决定剪影照片成败的重要因素。在拍摄剪影照片时，要遵循宁可欠曝而不过曝的原则，对背景进行曝光测定，只有这样才能使主体稍微欠曝，形成合适的剪影效果。例如左图这张照片中，通过准确曝光，正好让树干呈现剪影效果而保留了树叶的颜色。

稍微保留细节可增强美感

如果在拍摄时不完全压暗曝光，使照片中的主体保留一些细节，这样既可以让照片中的景物有一定的辨识度，同时又可让整张照片不失剪影独特的影调美感。

主体稍带细节的剪影照片也别有一番特点。

拍摄参数
光圈：F4.0　焦距：24mm
快门速度：1/400s
ISO：100　矩阵测光

3. 黑白影调凸显胡杨林的顽强品格

黑白摄影是一种相对于彩色摄影的表现方式，由于它采用黑、白、灰的单一影调来表现，与人眼中的彩色世界有一定的差距，因此利用单色影调在摄影创作时常常能够实现抽象的效果。在排除了色彩因素对画面的干扰之后，黑白影调的画面张力会显得更加集中和突出，它的镜头语言也显得更加纯粹而有力量，这对于拍摄姿态语言丰富的被摄对象尤其适合。在这次对胡杨林的拍摄中，拍摄者也采用了黑白模式，力求用最简洁有力的方式，传达出胡杨林的内在品格。

以沙漠中的枯树为拍摄对象具有超现实的感觉。

拍摄参数
光圈：F13.0　焦距：20mm
快门速度：1/125s
ISO：100　中央重点测光

交叉的线条强调枯木的造型

选择合适的黑白摄影对象

虽然任何一个主体都可以拍成黑白照片，但是有些主体会比其他主体更适合一些。对于质感强烈的拍摄对象来说黑白照片更能表现出其特征和性格。如上图所示，拍摄者在选择拍摄对象时，无疑是注意到了沙漠中这棵枯死的胡杨树的奇异形态，并从它干枯的枝干中看到一种顽强、不屈的精神品格。

黑白的画面场景具有电影胶片感。

拍摄参数
光圈：F16.0　　焦距：20mm
快门速度：1/80s
ISO：100　　中央重点测光

学会用黑白方式观察世界

一个最简单的方法就是先以彩色模式拍摄一幅场景，然后利用黑白模式拍摄同样的场景。在场景中拍摄尽可能多的颜色，这将会在以后的使用过程中给我们提供最直观的参考。

黑白影像反而更具真实感

抽掉色彩的画面会使图像变得更加稳重，更加真实以及更富有想像空间。在排除了色彩对视觉注意力的影响之后，植物的姿态得到了进一步的强化。

过滤掉颜色让植物的姿态语言更突出。

拍摄参数
光圈：F11.0　　焦距：20mm
快门速度：1/60s
ISO：100　　中央重点测光

4. 不同景别塑造胡杨林不同的视觉观感

在表现树木的时候，可以通过不同的景别来表现不同的效果。如在丛林中拍摄，最好采用广角镜头拍摄小全景，这样可以表现出树木的高大、丛林的茂密；如拍摄丛林中的一串红叶，可以通过中长焦镜头截取丛林的一部分，利用较小的景深虚化杂乱的背景，突出表现红叶；如果要表现远山上丛林的层层色彩，则可通过长焦镜头拉近来表现。在画面构图上，既可以让大面积的树木充满画面，利用树木的形状及色彩来表现，也可以把树木的某一局部特征利用特写来表现。

广角镜头让云彩和树木都得到充分的表现

用色彩的对比为画面加分

秋天是以金色为主色调的季节，暖色调能带给观者温暖亲切的感觉，再加上秋日天气往往"秋高气爽"，天空蔚蓝晴朗，白云的形态展现得比较分明，因此尤其适合拍摄色彩对比鲜明的画面，能给人简洁明快的视觉印象。

小全景展示胡杨林整体的茂密繁盛。

拍摄参数
光圈：F11.0　焦距：24mm
快门速度：1/200s
ISO：100　　中央重点测光

低位俯拍黄叶的特写画面。

拍摄参数
光圈：F13.0　焦距：47mm
快门速度：1/60s
ISO：100　　中央重点测光

选择合适的背景展现黄叶风情

拍摄落叶一般采用两种背景，一种是以天空为背景，大都为仰视拍摄或使用中长焦镜头拍摄特写时采用，以天空作背景画面比较简洁明快。另一种是利用现成的其他背景，如上图中采用湿润的泥土作为背景。采用这些景物作背景主要是利用光线形成的明暗差异来实现让主体更加生动、突出的效果。

中远景贴合人的正常视觉

采用中远景拍摄，一定要注意画面的主次，也就是主体和陪体的安排。例如可以一棵树为主，同时兼顾远景中的树林景象

中景更能凸显出胡杨个体的挺拔英姿。

拍摄参数
光圈：F12.0　焦距：24mm
快门速度：1/200s
ISO：100　　矩阵测光

绿之语——新叶

植物摄影很容易上手，因为它们大多属于静态，拍摄者可以从容地选择在什么时间采用什么方法去拍摄它们。但这并不意味着很简单，就像拍摄其他题材一样，植物摄影同样要考虑光线的方向和构图方式等，不同的角度将得到不同的效果。在拍摄之前，我们应该对将要拍摄的对象有个基本的了解。每种植物都有自己的个性，常到外面走走或者仔细观察自己养的花卉，可以发现土壤、水分、阳光甚至周围的昆虫都能对它们的生长起到不同的作用，发现这一点，就能使自己拍摄的画面更有感染力。无论是精心设计的小花园还是杂草丛生的荒地，一枝一叶，都能成为画面的主角。

基本拍摄计划

BEST PLAN

- 拍摄光影效果出众的绿色植物
- 拍摄逆光下的另类植物特写
- 拍摄别有趣味的植物

实战操作步骤

1. 光影使绿叶给人清新的感受

植物摄影和人像摄影不同，需要依靠色彩来展现层次和主题，找到一部成像艳丽的相机会让你的照片更有感染力。推荐大家使用正片或者是鲜艳的色彩模式来拍摄植物。现在的数码单反相机大多具有植物拍摄模式这一档，拍出来的植物色彩会相当浓郁，推荐大家使用。此外，一个拥有可翻转液晶屏或弯角取景器的相机会使取景变得更加容易，尤其是在拍摄那些矮小的地面植物时。

选择拍摄植物的局部比拍摄整体更有美感。

光线从上方投射到叶面上，根据叶面的生长方向有的明亮，有的灰暗

梳理繁杂的线条让植物在画面中更有条理

留心观察植物错综复杂的几何形状，适当利用这些线条使画面产生活力，此外也可以利用自然因素使画面产生秩序感，比如被风吹倒在地的草，倒伏的方向非常一致。上图中拍摄者选择了横向生长的几根枝条，并采用横幅画面拍摄，椰圆形叶面使画面在条理中不失跃动，光线则强化了这种效果。

拍摄参数
光圈：F2.8　焦距：100mm
快门速度：1/2500s
ISO：100　矩阵测光

PART 2 **生态摄影** | 119

利用风对植物的影响营造动感画面。

拍摄参数
光圈：F2.8　　焦距：100mm
快门速度：1/1000s
ISO：100　　矩阵测光

动静结合拍摄动感的叶片

当我们在树林中行走时，是否会为清风拂过的风景所陶醉？那么怎样才能将这种感觉用画面表现出来呢？首先架起三脚架，将相机设定到快门优先，速度可设为1/15s或是更低，然后对背景测光，并减少两档曝光补偿。如果需要，还可以对绿叶轻微闪光。通过这种虚中带实的影像效果就能将绿叶的动感充分地表现出来。

成功的植物摄影在于对光线的运用

成功的植物摄影往往在于对光线的运用。拍摄植物应该多使用侧光或者选择明亮的多云天气，早上和傍晚的斜阳则十分有利于刻画物体表面的细节，这时的光线通常很柔和，阴影也不会太生硬。

✗ 中心式构图往往显得死板

在以往的植物摄影中我们多采用居中构图，导致很多画面会显得没有生气。如果随意拍摄又很难得到出色的植物照片，只有经过精心地构图才能表现出植物独特的品质。拍摄者可以不断变换拍摄角度，并通过观察取景器进行构图。

明暗对比突出绿叶的半透明效果

2. 逆光角度强化绿叶色彩和形态

植物的枝叶是透明或半透明物体，因此逆光是最佳的拍摄光线。因为，逆光照射一方面可使透光物体的明度和饱和度得到提高，使顺光照射下平淡无奇的透明或半透明物体呈现出美丽的光泽和较好的透明感；另一方面，逆光还可使同一画面中的透光物体与不透光物体之间的亮度差明显拉大，明暗相对，大大增强画面的艺术效果。

延伸的景物线条让观者的视线向画面中心汇聚。

拍摄参数
光圈：F4.0　焦距：80mm
快门速度：1/500s
ISO：100　矩阵测光

从内向外的放射状线条赋予植物一种蓬勃生长的感觉

逆光拍摄让画面充满生机

逆光拍摄与顺光拍摄刚好相反，光照正对着镜头，也就是从主体的背面照摄过来。逆光拍摄可以让叶面看起来比正常光线下更加明亮，叶面上细致的纹路也能清晰地展现出来。同时，因为绿叶本身的色彩更加通透，能给观者营造一种春天生机勃勃的感觉，从视觉上更能打动观者。

由不同的色彩明度组成的色彩搭配

留心观察视野范围中由强烈的色彩冲突形成的图案,或是由同一种颜色的不同亮度构成的图案,拍摄这样的画面会得到意想不到的效果。在本图中,拍摄者注意到了建筑物旁绿叶通透明亮的质感并将其摄入镜头,为画面增添了亮部层次,也点亮了原本呈现暗调的建筑物色彩。光线的照射角度让树叶的颜色出现深浅变化,画面因此拥有了丰富的影调层次。

大片的逆光树叶让画面显得灿烂而富有动感。

拍摄参数
光圈:F2.8　焦距:20mm
快门速度:1/200s
ISO:100　矩阵测光

逆光拍摄强化艺术效果

在逆光条件下仰拍绿叶,过滤掉了复杂背景,主体在画面中的形态和轮廓十分清晰,拍摄者很容易通过调整构图对绿叶进行造型,特殊的光影也能营造出斑斓的感觉。

正逆光角度充分勾勒出植物的细节形态。

拍摄参数
光圈:F4.5 焦距:35mm
快门速度:1/20s
ISO:200 点测光

3.
不同背景塑造独特的植物

　　以不同的背景拍摄植物时,纯粹的色彩和常规的构图常常会使人联想起人像摄影中肖像照的拍摄方法——构图规整,背景简洁,主题鲜明突出。

　　但我们必须要牢记的是,植物和人是完全不同的被摄对象,植物不像人具有丰富的表情和肢体语言。换言之,作为静态对象的植物需要拍摄者在画面中加入动态的成分来活跃画面。我们在借鉴人物肖像照拍摄手法的同时,也应在植物"肖像照"中赋予更多更新鲜的元素。

　　在拍摄绿叶植物时,应尽量在自然环境中实现对其形态和生长环境的展现。采用点测光或矩阵测光模式,首先对植物主体进行测光,然后再对背景测光。尤其当拍摄者选择天空作为背景时,更要合理准确地设置相机的曝光参数,以免出现背景过曝或主体欠曝的情况。尽量在两者中寻求一个平衡点,使主体和背景都能正常曝光是最重要的。

寻找与主体搭配合适的画面背景。

拍摄参数
光圈：F4.0　焦距：80mm
快门速度：1/250s
ISO：100　矩阵测光

色彩纯粹的背景更适于表现植物

颜色的多样性是植物最大的特色，把植物放在深色的背景上或明亮的蓝天下是较好的选择之一。注意要让植物和其他颜色的物体互相搭配、烘托，无论是蓝天还是其他陪体，利用简洁的背景为画面加分。

柔和的光线角度让植物显得生动

拍摄者近距离拍摄新生的绿色植物，柔和欢快的绿色是画面的主体。近距离拍摄让主体本身看起来比实际更大，观者会更加注意到枝叶脉络的细节，画面充满了新鲜、活动的感觉。

自然的生长环境作为背景更具真实感。

拍摄参数
光圈：F4.0　焦距：80mm
快门速度：1/320s
ISO：100　矩阵测光

平视角度贴近正常的观察方式。

拍摄参数
光圈：F4.0　焦距：80mm
快门速度：1/250s
ISO：100　矩阵测光

玻璃背景制造雨景效果

右图即为标准的植物肖像照，茎、叶、杆以及生长环境都完整地展现在画面中。为了让画面更有趣味，拍摄者添加了仿雨景的背景，使照片更有特色。

雨后的绿叶更加清新宜人

雨后叶片的颜色会更加青翠，而且落在植物上的水珠在阳光的照射下晶莹剔透，能够为照片增加独特的画面效果。即使在当时的拍摄条件下无法真正营造雨天的环境，也可以学习拍摄者对背景的巧妙处理，给观者留下类似的心理印象。

✗ 植物肖像采用全封闭式构图

拍摄植物肖像采用全封闭式构图是不合适的，可选取花盆的局部，或是植物的局部拍摄。总之不要将出现在画面中的每个被摄体都完整地拍摄出来，以免画面显得呆板。

简洁的构图使画面更清爽

PART 2 **生态摄影**

片片落叶都是情——秋叶

秋天，漫山的红叶似团团殷红的火焰，煞是美丽。尤其到了深秋，红叶经霜一打，越发妖娆。观赏红叶，拍摄红叶，是一种美的享受。每年到了红叶的最佳观赏时间，北京香山、四川光雾山、米亚罗风景区、陕西华山等热门红叶景区都会迎来大批游人，在观赏美景的同时，用手中的相机捕捉那些美丽的画面。

一叶而知秋，在瑰丽多姿的秋天，再没有什么比红叶更富有色彩、更具欣赏性了，这就随我们一起去拍摄秋天醉人的红叶美景吧！

基本拍摄计划

BEST PLAN

- 拍摄秋叶红火繁盛的场景
- 拍摄逆光下的枫叶特写
- 创意手法拍摄秋日小景

实战操作步骤

1. 繁盛的秋叶传递浓烈的秋日气息

山区的秋色漫山遍野,色彩斑斓,有效运用光线与色彩进行表现可以更添赏心悦目的感觉。满树的秋叶,一片片一簇簇在风中摇曳,很难捕捉、把握最美的一霎那。对此许多拍摄者的体会是,拍摄秋叶的关键在于表现力。我们在拍摄秋叶时,不应只满足于平铺直叙地表现它们,而应该让它们经过我们的再加工再创作变得更加美丽,更加令人感动。

> **巧妙的色彩搭配让画面明快鲜亮**
>
> 一般来说,选择与红叶颜色相容性和协调性好的颜色,可以令红叶的色彩更艳丽。为避免喧宾夺主,削弱对红叶主体的表现力,搭配的颜色应该柔和平淡,通常黄色、绿色、白色或淡粉色等颜色都能够与红叶产生很好的搭配效果。尤其是黄色,黄色也是秋天的颜色,黄叶与红叶共生共长的景色非常多见。

利用色彩的反差突出红叶是最有效的方法。

拍摄参数
光圈:F5.6　　焦距:135mm
快门速度:1/250s
ISO:200　　点测光

长焦镜头压缩空间让黄叶更斑斓。

拍摄参数
光圈：F6.3　焦距：135mm
快门速度：1/200s
ISO：200　矩阵测光

适当的虚化使色彩更有美感

无论选择什么样的色彩进行搭配，关键是使其处在虚焦状态，形成虚化的背景或前景。通常使用长焦镜头来压缩整个画面中大面积、纯粹的色彩以使其更饱满，同时使用恰当的陪体增强空间感。还有一点必须注意，那就是要避免杂乱的色彩出现在画面之中，破坏整体的画面效果，选择长焦镜头也正是基于这样的考虑。

较暗的曝光拍摄红叶

红色是具有厚重感的色彩之一，拍摄时即使以天空为背景，曝光也不应降低太多。明亮的曝光能使叶面的细节纹理更加突出，在秋叶重叠的画面中仍可保留大量细节。

局部色彩点亮整个画面。

拍摄参数
光圈：F5.6　焦距：135mm
快门速度：1/100s
ISO：800　矩阵测光

2. 逆光下的色彩让秋日感觉更强烈

光线是上帝赐给摄影师的艺术刻刀。对于表现秋叶这类色彩鲜明的题材，光线的运用是创作个性化作品的关键因素。光线的微妙变化，可以让秋叶表现出完全不同的色彩。即使是在同一地点，随着时间的变化，光线的照射角度也发生变化，秋叶会呈现出不同的表现形态。

在逆光和透射光的照射下，我们看到的是光线透过叶子的透射效果，比顺光时候看到的反射光效果更纯粹、更鲜艳。即使是顺光看上去很普通的秋叶，当我们改变角度观察的时候，也有可能变成具有透明感的色彩鲜艳的秋叶。晴天拍摄有利于获得明暗反差较大的作品，但这时拍出的影调比较硬，如果想表现红叶柔美的一面，选择多云的天气更合适。

线条布局让秋叶的色彩和形态具有双重吸引力

合理安排背景让秋叶更突出

背景的选择应突出秋叶主题，不能喧宾夺主。通过巧妙选取红叶所处的环境，不但有利于衬托红叶，还可以表现红叶与周围环境的有机联系。在逆光拍摄叶面时，背景通常会因为逆光的缘故呈现暗色，这对于展现明亮通透的主体是十分适宜的。

暗色背景适于展现明亮的主体。

拍摄参数
光圈：F5.6　焦距：135mm
快门速度：1/320s
ISO：200　点测光

逆光拍摄尤其要注意画面明暗层次的布局。

拍摄参数
光圈：F8.0　焦距：135mm
快门速度：1/400s
ISO：200　点测光

正确的明暗布局让逆光画面更有趣

逆光拍摄时，色彩与光线组合并以光线为主，秋叶的叶脉纹理分明、质感强。树影之间，层叠的树叶，光影的强弱，有趣的呼应和对比构成局部画面的震撼效果。此外，偏振镜是拍摄红叶最常用的滤镜。因为它可以有效抑制秋叶表面的反光，让人们看到秋叶本来鲜艳夺目的色彩，尤其是在顺光和侧光时效果更加明显。

3.
创意手法描绘浪漫的秋日遐思

无论在哪个艺术领域，季节的变幻都是很好的艺术表现题材，也正因为如此，秋季和秋叶能带给拍摄者和观者更多的联想和思索。古人说，一叶而知秋，灵活地拍摄好秋叶能传递出更多画面外的遐思，增加观赏的趣味性。

有的拍摄者把秋叶的展现力归纳为以下两句话：拍远景不如拍中景，拍中景不如拍近景；顺光不如侧光，侧光不如逆光。这是因为远景容易出现色彩糊成一片，缺乏细节的情况，枝枝叶叶不分明，没有立体感，很难有锐度表现，画面表现力明显不足；中景能兼顾色彩和细节，但立体感不突出，表现力仍不足；而近景在兼顾色彩和细节的同时，还能做到突出局部，体现质感。

顺光照射下的色彩一片鲜艳，但缺乏立体感和质感，画面表现力同样不足；侧光下的色彩与光线组合，秋叶层次分明、错落有致、轮廓清晰、质感强；而逆光则最能体现秋叶的细节特质。

独具特色的背景引发观者联想。

拍摄参数
光圈：F5　　焦距：50mm
快门速度：1/200s
ISO：100　矩阵测光

和谐的背景给人印象深刻

拍摄者以龟裂的土地为背景，同色系的色彩搭配产生和谐的美感，传递出一种"生命逝去之美"的讯息。

小光圈的重要之处

众所周知，拍摄风光时小光圈可以达到较大的景深，让画面前后的景色都得以清晰展现。拍摄左图这张照片时，小光圈的作用更是得到了充分的体现，才使得画面中的光斑均匀、平衡地出现。此外小光圈对于延长曝光时间也有很大帮助，在拍摄明亮的对象时，小光圈加慢速快门效果最好。

小光圈和慢速快门营造出的梦幻效果。

拍摄参数
光圈：F18　　焦距：18mm
快门速度：1s
ISO：800　矩阵测光

拍摄总结
生态摄影

掌握不同的对焦方法

对焦方法无非就是由来已久的手动对焦，以及更加简单易用的自动对焦。这两种对焦方法各有特点，使用时都有一些需要注意的地方，下面就为大家进行详细讲解。

■ 自动对焦

自动对焦一般分为单次自动对焦和连续自动对焦两种方式，部分相机还具有兼具两种对焦方式的智能对焦模式。使用自动对焦模式之前首先要将对焦模式开关调整到自动档，注意不同品牌数码单反相机对焦模式开关的位置不同，有的在镜头上，有的在机身上，可参照说明书查找。

单次自动对焦

单次自动对焦在半按快门按钮后只进行一次对焦操作，主要用于拍摄静止的被摄对象。佳能相机的自动对焦模式表示为ONE SHOT，尼康相机为AF-S或S。

在未按下快门按钮时，从取景器中看到的被摄体是模糊不清的，如下左图所示。半按快门按钮后，相机根据所选对焦点开始对焦，被选中的对焦点显示为红色，被摄体由模糊变清晰，在听到"合焦提示音"，并看到"合焦提示灯"长亮后，即表示对焦成功，如下右图所示。

连续自动对焦

连续自动对焦在半按快门按钮后将进行持续对焦操作，因此适合拍摄运动的被摄对象。佳能相机的连续自动对焦模式表示为AI SERVO，尼康相机为AF-C或C。

如左页最下面两图所示，在使用连续自动对焦模式时，半按快门按钮后无论是否对焦成功，相机都不会发出"合焦提示音"，取景器中的"合焦提示灯"也不会亮起，因此拍摄者只要确定对焦点已对准被摄体就可以随时按下快门按钮完成拍摄。建议最好选择中央对焦点以提高对焦成功率。

智能自动对焦

在智能对焦模式下，相机将根据被摄对象的状态选择对焦模式。如果拍摄对象静止，相机使用单次自动对焦模式，如果拍摄对象从静止变为运动状态，则相机自动转换为连续自动对焦模式。佳能相机的自动对焦模式表示为AI FOCUS，尼康相机为AF-A。

在智能对焦模式下，拍摄者可以拍摄相对静止的花卉，如下左图所示。还可以在不改变对焦模式的情况下，拍摄落到花上的蝴蝶，如下右图所示。

TIPS

在连续对焦和智能对焦模式下，都同样可能不会听到"合焦提示音"，及看到"合焦提示灯"，因而拍摄者最好同时开启相机的连拍功能进行拍摄。

■ 手动对焦

手动对焦通常是在自动对焦不能正常合焦之后选择的。对于生态摄影而言，相机在以下一些情况下会出现自动对焦失效的情况：

1.被摄体与背景颜色接近的低反差情况。
2.低光照下，如夜间或室内环境下的被摄体。
3.被摄体极小的情况。
4.位于取景器边缘的被摄体。
5.自动对焦点覆盖近处和远处的不同被摄体。
6.由于机震在自动对焦点范围内不断移动无法保持静止的被摄体。
7.正在靠近或远离相机的被摄体。
8.使用特殊效果滤镜。

在生态摄影中，需要精确对焦的微距摄影通常也使用手动对焦模式。此时需要拍摄者针对被摄体上需要合焦的部分调整对焦环，并借助对焦点和"合焦提示灯"来判断是否合焦。若拍摄者使用取景器放大装置，则可以更准确地判断选定的对焦点是否真正对焦成功。

拍摄参数
光圈：F5.6　　焦距：100mm
快门速度：1/200s
ISO：100　　矩阵测光

运用色彩丰富画面

每一张照片都是由各种色彩组成的，巧妙搭配色彩也是摄影中重要的一部分。由于对色彩的描述往往过于抽象，不易表述，因此为了解决此问题，人们利用"色环"来说明色彩的概念和区别。

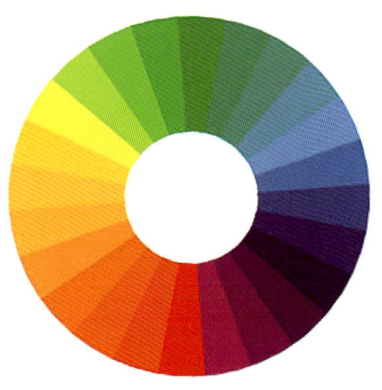

■ 冷色系

色轮上蓝色、绿色、紫色都属于冷色系，具体的代表性物体有山林、蓝天、游泳池等；冷色系色彩所呈现的视觉印象具有自然、清新、舒服、精致等特点。

拍摄参数
光圈：F6.3
焦距：200mm
快门速度：1/30s
ISO：自动 点测光

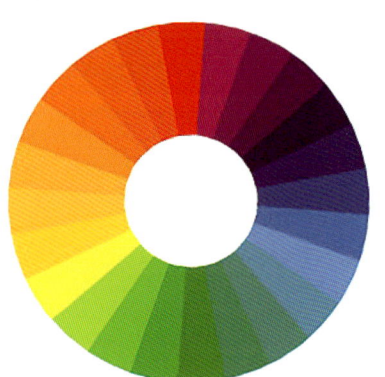

■ 暖色系

以黄色与紫色为界，将色轮分成两边，位于红色这边的色相称为暖色系。暖色系色彩在应用时可以表现出热情、温馨、前进的感受，在视觉上有向外扩散的效果。

拍摄参数
光圈：F5.6 焦距：35mm
快门速度：1/1500s
ISO：自动 矩阵测光

拍摄参数
光圈：F1.8 焦距：50mm
快门速度：1/25s
ISO：100 点测光

拍摄参数
光圈：F5.3
焦距：150mm
快门速度：1/160s
ISO：100 点测光

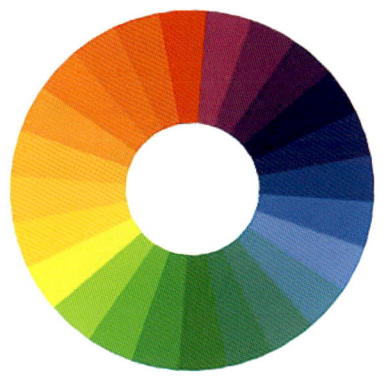
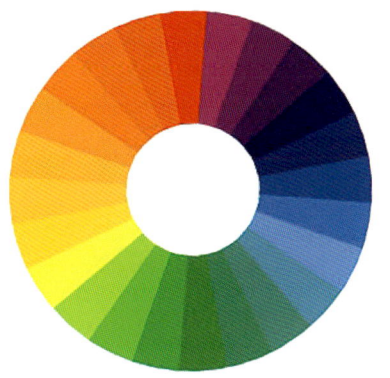

■ 对比色

■ 邻近色

在色环中每一对相对（180°对角）的颜色称为对比色，也称为互补色。把对比色放在一起，会给人强烈的对立感和视觉冲击力，是赋予色彩表现力的重要方法。

所谓邻近色就是在色带上相邻近的颜色，例如黄色和橘黄色。邻近色的最大特征是色调具有明显的统一性，或为暖色调，或为冷色调，同时在统一中仍不失细微的变化。

拍摄参数
光圈：F5.6 焦距：70mm
快门速度：1/60s
ISO：100 点测光

拍摄参数
光圈：F4.0 焦距：50mm
快门速度：1/250s
ISO：100 矩阵测光

拍摄参数
光圈：F5.6 焦距：70mm
快门速度：1/30s
ISO：100 矩阵测光

拍摄参数
光圈：F4.0 焦距：100mm
快门速度：1/50s
ISO：200 矩阵测光

> **TIPS**
>
> 利用色环中丰富的色彩，在一幅画面中除纳入对比色或邻近色外，还可以同时将不同搭配关系的色彩以不同的比例组织，使画面的色彩元素更加丰富。

对比不同镜头的表现效果

不同的镜头有着不同的表现效果，之所以有不同的差异，主要是由镜头的焦距不同，视角范围不同造成的。往往镜头焦距越小、视角越大，所拍摄的画面宽度和深度也就越大；反之，镜头焦距越大、视角越小，所拍摄的画面宽度和深度也就越小，成像效果自然也就截然不同。除了焦距与视角上的不同之外，部分镜头的特殊结构也是导致成像效果有差异的原因。下图所示为焦距与视角关系示意图，以及对应的135全画幅和APS-C画幅数码单反相机镜头举例。

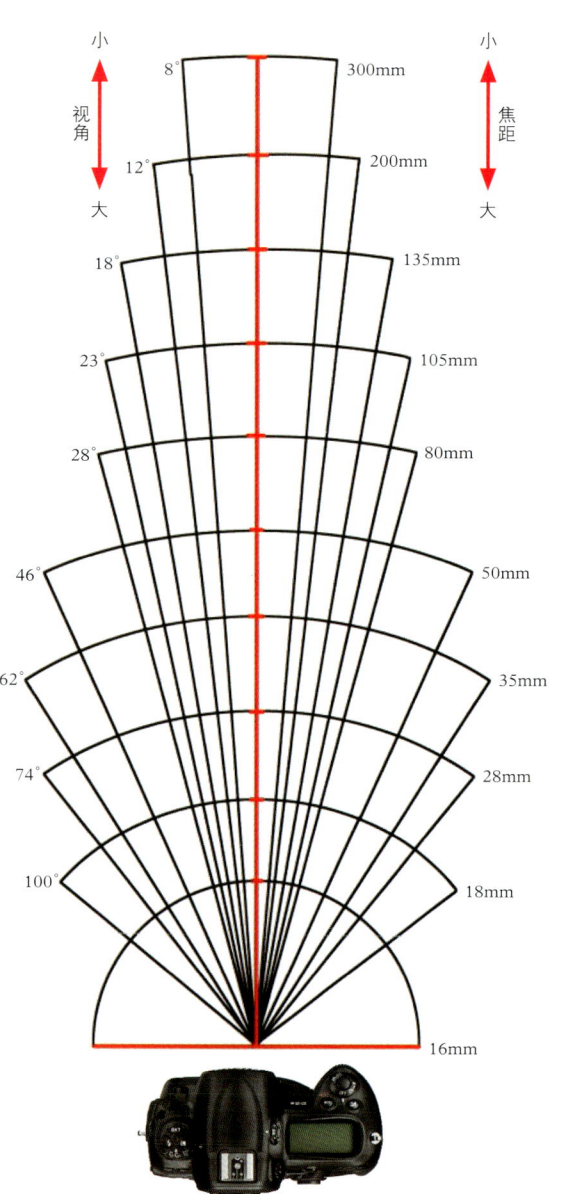

300mm超长焦高速镜头
135全画幅与APS-C画幅共用

70~200mm长焦镜头
135全画幅与APS-C画幅共用

50mm标准镜头　　35mm标准镜头

16~35mm广角镜头　　12~24mm广角镜头

16mm鱼眼镜头　　10.5mm鱼眼镜头

■ 135全画幅　　■ APS-C画幅

Nikon D3X 135全画幅数码单反相机

TIPS

虽然数码单反相机镜头的焦距大小与视角是成反比的，但并不意味着17mm焦距镜头的视角一定比16mm焦距镜头的视角小。

■ 广角镜头

较宽广的视角是其得名的原因，使用这类镜头靠近被摄对象拍摄会获得较为夸张的透视效果。

拍摄参数
光圈：F2.8 焦距：17mm
快门速度：1/50s
ISO：400 矩阵测光

■ 标准镜头

这类镜头具有接近人眼视角范围的焦距，能够呈现出一种平易近人的视觉感受。

拍摄参数
光圈：F2.8 焦距：50mm
快门速度：1/50s
ISO：400 矩阵测光

■ 长焦镜头

使用长焦镜头，拍摄者可以在寸步不移的情况下，将远处的景物拉近至眼前。由于这类镜头视角较小，视觉空间被压缩，往往可以避开场景中多余的物体。

拍摄参数
光圈：F11.0 焦距：100mm
快门速度：1/125s
ISO：100 点测光

拍摄参数
光圈：F11.0 焦距：400mm
快门速度：1/125s
ISO：100 点测光

■ 鱼眼镜头

这类镜头会使我们获得更多的拍摄乐趣。我们不但可以选择只有对角线上具有180°视角的对角线鱼眼镜头，如左图所示；还可以选择整个画面都具有180°视角的全景鱼眼镜头，不过这种镜头会将一切被摄对象成像在一个圆形画面中，反而不受很多拍摄者喜爱。

拍摄参数
光圈：F7.1 焦距：10mm
快门速度：1/640s
ISO：200 点测光

PART 3 人像摄影

- 我们的甜蜜与幸福——婚纱
- 恋恋心语——情侣
- 夜·阑珊——夜景人像
- 青春纪念册——少女
- 宝贝时光——儿童

我们的甜蜜与幸福——婚纱

对于摄影师和摄影爱好者来说，能为自己的亲朋好友拍摄一次婚纱照是非常美妙的体验。这不仅代表家人朋友对于拍摄者摄影技术的肯定，也是摄影学习过程中一次具有纪念意义的拍摄练习。婚纱摄影包含了大范围的拍摄题材和拍摄手法，今天我们就通过拍摄一对新人，来探讨其中常见的婚纱摄影技巧。

基本拍摄计划

BEST PLAN

- 拍摄传统唯美的室内婚纱
- 拍摄具有自然气息的外景婚纱
- 拍摄具有情节元素的特色服饰婚纱
- 拍摄新娘、新郎具有特色的个人照

实战操作步骤

1. 简单设备完成经典传统婚纱照

拍摄传统的室内婚纱照，大多采用比较简单的灯光照明设备，例如大型柔光箱、八角灯等，以及一些滤纸、反光板等辅助工具，力求用自然柔和的光线打造简单明朗的婚纱照效果，利用这种方式拍摄出来的婚纱照拥有较长时间的美学观赏价值。

通常来说，室内布光照明主要分为主光、辅光、背景光三类，主光的作用是照亮主体，主导照片的画面风格，决定基本的明暗关系；辅光又称"补光"，主要作用是为主光提供辅助照明，可以改善画面的明暗层次，定义场景的基调，并对主体细节进行一定的修饰；背景光的作用是增加背景的亮度，从而衬托主体，并使主体对象与背景相分离，增加立体感和空间感。

顺光照明让婚纱照简洁大气

拍摄时采用两盏大型柔光箱对正面进行打光，同时在正面使用光比较小的辅助光消除阴影。未使用背景灯，用纯蓝色背景直接烘托主体人物，简单、大气。

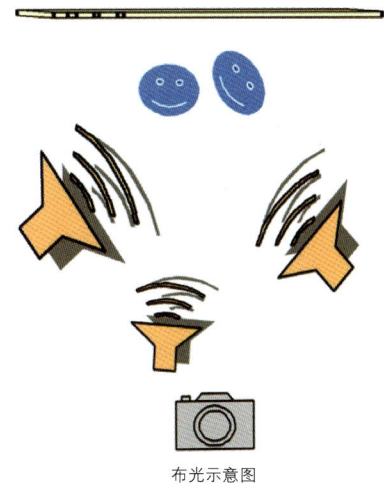

布光示意图

传统布光方式拍摄室内婚纱。

拍摄参数
光圈：F7.1　焦距：45mm
快门速度：1/100s
ISO：100　点测光

深色背景营造典雅庄重效果。

拍摄参数
光圈：F16.0　焦距：29mm
快门速度：1/100s
ISO：80　　中央测光

深色背景展现人物表情

拍摄时可抓住两人甜蜜的表情，以抵消深色背景带来的严肃感。浓重的色彩和皮肤的对比使人物在画面中更加具有吸引力，红色有喜庆的感觉。

暖色系对于室内婚纱效果较好

采用粉红色背景作为画面的基调，使用与背景色相呼应的捧花，并且在拍摄时调动新人做出一些俏皮可爱的动作，让温馨甜蜜的感觉更加浓烈。

拍摄参数
光圈：F7.1　焦距：42mm
快门速度：1/100s
ISO：100　点测光

暖色调为婚纱照带来温馨感。

拍摄室内婚纱照时，背景对于画面有很重要的影响。通常情况下，浅色背景给人的感觉比较活泼洋溢、浪漫唯美，而深色的背景则能带来庄重高雅、古典稳重的心理感受。同时，背景和服装的色彩也应相互呼应，尽量采用同色系或对比色系，构成视觉上的和谐，突出主体人物。

2. 美丽场景为婚纱外拍留下美好回忆

如今,拍摄外景婚纱照已经成为婚纱照的主流趋势,许多人甚至宁可放弃室内婚纱照也要力求将外景婚纱拍得美轮美奂。外景婚纱以其自然清新的场景,具有梦幻气息的画面风格博得了广大消费者的偏爱。

尽管如此,拍摄外景婚纱对于新人来说仍然有许多限制。尤其是在地点的选择上,大多数外景婚纱场地都只能选择在城郊的特色景点、主题公园等地方,很容易产生雷同的作品。同时,由于以自然环境为特色,拍摄者对于背景和自然光的控制力就很小,很难产生令人耳目一新的作品。因此拍摄外景婚纱如何能拍出新意,也是困扰许多拍摄者的难题。

兼顾场景并突出主体人物的广角拍摄。

拍摄参数
光圈: F4.5 焦距: 28mm
快门速度: 1/60s
ISO: 自动 矩阵测光

广角镜头展现美丽背景
拍摄时为了完整地展现美丽的自然风景,采用广角镜头平视角度拍摄。水平线的场景构图方式展现出平静安宁的感觉,主体人物的安排既在场景中得到突出,又与场景形成了和谐的色彩搭配。

拍摄时不对主体人物进行补光
在自然场景中拍摄人物时,要想营造皮肤白皙的效果就必须对主体人物进行补光。曝光可以尝试半档过曝,即使小范围补光至少也要制造出眼神光的效果,否则人物会看起来皮肤发黄,显得没有精神。

运用垂直线条营造画面效果

右图中拍摄者采用了竖画幅低角度仰视拍摄,无论人物或者背景中的建筑物都给人带来雄伟庄重的气势,垂直线条的大量运用突出了这种视觉效果。雕塑和教堂元素的出现增加了婚礼神圣纯洁的感觉,让整个画面看起来有一种蓬勃向上的生命力。同时,利用背景建筑营造出欧洲古典主义美感。

竖画幅营造积极阳光的感觉。

拍摄参数
光圈:F3.2 焦距:50mm
快门速度:1/60s
ISO:200   矩阵测光

合理安排背景兴趣点

在拍摄外景时背景中常常有许多不可避免的物体会影响主体,但这些物体如果被拍摄者善加利用也会成为画面的点睛之笔。如左图中的水车和小船,乃至远处的木桥都使场景更加具有空间感,突出环境氛围。

利用背景中的物体为画面增添趣味。

拍摄参数
光圈:F3.2 焦距:50mm
快门速度:1/60s
ISO:200   矩阵测光

3. 变换服装道具,打造婚纱百变风格

在对婚纱套系的选择中,风格独特的婚纱照越来越受到大众的欢迎。人们开始追求个性化、私人化的拍照理念,希望从最大程度上避免和别人重复。要想营造独特的婚纱照风格,灵活运用服饰和道具是诀窍所在。即使在同样场景中,不同的服饰和道具也会制造出不同的画面风格。因此在拍摄之前,要充分了解被摄者的喜好,并在此基础上选择合适的风格,搭配最具代表性的服装和道具。注意遵循"宁缺毋滥"的原则,避免不正确的服装道具造成不和谐的视觉效果,破坏画面美感。

特色服饰让婚纱照更有韵味。

拍摄参数
光圈:F14.0 焦距:40mm
快门速度:1/100s
ISO:自动   自动测光

利用背景陪体平衡画面比重

在中国风比较浓郁的照片风格中,人们比较偏好富贵圆满的感觉,所以在画面中大多通过平衡式构图实现这一效果,并且常常加入暖色调元素。右图中的红色牡丹作为背景陪体,和主体人物相呼应,让画面看起来更加饱满。

小道具让人物生动活泼，画面内容丰富。

拍摄参数
光圈：F7.1　焦距：12mm
快门速度：1/60s
ISO：自动　矩阵测光

增加小道具的诸多好处

一个合适的道具除了可以强化画面本身的风格之外，还可以让人物放松肢体和心态，便于拍摄者捕捉到自然生动的画面。同时，好的道具可以点缀画面色彩，使主体人物更加具有吸引力。如果道具本身具有较强的联想性和故事性，还能在画面中制造出情节感。

不考虑背景搭配画面风格

拍摄时如果背景不能满足主体人物的风格，就要选择最为简洁的背景场景（例如纯色背景、渐变背景等），最大限度不与人物本身造成冲突。

正确布景对于主体有烘托效果。

拍摄参数
光圈：F7.1　焦距：34mm
快门速度：1/100s
ISO：100　点测光

4. 抓住机会拍摄新人单人照

婚纱照虽然是以拍摄双人照片为主,但新娘新郎的个人照也具有非同寻常的意义。新人往往都希望能借着拍婚纱照的机会为自己的青春岁月留下美好纪念,这点在新娘的拍摄上显得尤其明显。

拍摄婚纱照的过程中,通过拍摄者的情绪调动,使被摄者轻松愉快地融入拍摄氛围时,拍摄者就可以"见针插缝"地进行单人照的拍摄了,而这段时间也能让另一位被摄者得到休息。在对单人进行拍摄时,要注意拍摄时间不能过长,以免另一被摄者失去拍摄感觉,不能迅速进入拍摄状态。同时,单人照最好能与之前拍摄的双人照保持统一风格,视角变化不宜太大,这样才能保持视觉和心里观感的延展性。

> **画面线条引导观者的视线**
>
> 新娘的裙摆呈圆形,身后的台阶呈直线向远处延伸,赋予了画面空间感和立体感,对观者视线有较好的引导作用。同时,两种构图元素相结合使画面内容更加丰富。

结合多种构图元素展现人物。

拍摄参数
光圈:F5.6　焦距:18mm
快门速度:1/50s
ISO:100　点测光

设置前景渲染照片意境。

拍摄参数
光圈：F10.0　焦距：35mm
快门速度：1/80s
ISO：100　点测光

布置前景使画面不显单调

新娘坐在岸边并置于画面一角，为画面留出大片空间以展现美丽的水景。小船和水车的模糊影像增加了场景的真实感，以柳条作为前景使画面看起来疏密得当，具有春意盎然的心理暗示，使照片在平稳中不乏乐趣。

5. 通过人物姿态设置故事情节

要想让婚纱照更加具有个性化，在拍摄时加入一些情景元素是不错的选择，尤其是为新人量身打造专属于他们的"爱情故事"婚纱照——即在照片中加入他们真实爱情生活的片段。不过这种方式对于被摄者的要求很高，姿态或表情稍显僵硬就会让画面的美感尽失，但如果被摄者具有良好的镜头感，拍摄这种题材就会十分容易。

自然的表情成为画面的焦点

拍摄时尽量为被摄者营造特定的情景氛围，使其迅速进入角色状态，利用抓拍的方式捕捉动人的瞬间。

自然的动作让画面更有趣味。

拍摄参数
光圈：F7.1　焦距：18mm
快门速度：1/250s
ISO：自动　点测光

牵手行走的新人像约会一样的漫步，满怀幸福的笑容让人联想他们相知相爱的历程。

拍摄参数
光圈：F8.0　焦距：45mm
快门速度：1/125s
ISO：100　点测光

通透的漫射光让人感觉自然

具有漫射光的"假阴天"是最适合拍摄的天气，此时天空和地面的光比都不大，画面各个部分的色彩都能被准确还原，并呈现出一种通透感。

选择角度让布景更自然

在棚内拍摄有情节的照片时，由于场景常常是依靠背景布来营造，难免有虚拟感。因此拍摄时要注意避免从真实感不强的角度拍摄，尽量通过对主体人物的表现来转移观者的注意力。

拍摄参数
光圈：F14.0　焦距：40mm
快门速度：1/100s
ISO：自动　点测光

设定特定的故事情节让新人演绎，可以降低拍摄难度，同时又具有较好的画面效果。

恋恋心语——情侣

如今，摄影工作室推出的情侣写真很受情侣们的喜爱。在两个人感情最热烈的时候，留下珍贵的合影，日后翻看带来的回忆也会特别甜蜜。

情侣照没有婚纱照那么严肃，拍摄的基调也比较活泼，有很大的创作空间和个性化的选择。例如可以选择现代化的商场和高楼大厦这样富于时代气息的场景，也可以用跑道、篮球场等运动场所作为背景，展示年轻人富于青春活力的一面。但无论如何，情侣照最终感动我们的，不是当时他的英俊和她的美丽，而是他们青春的脸上流露出来的，经爱情"催化"过的年轻的痕迹。

基本拍摄计划 BEST PLAN

- 拍摄具有青春气息的情侣姿态
- 拍摄具有情节的情侣画面
- 抓拍具有生活气息的情侣交流
- 拍摄与合影配套但独具特色的单人照

实战操作步骤

1. 设计活泼的动作姿态，让青春气息扑面而来

对于青年情侣的拍摄，姿态的设计十分重要。充满活力的动作不仅能展现出年轻人朝气蓬勃的一面，还可以让画面更加具有吸引力。

在对姿态进行设计时，要注意两个拍摄对象的动作搭配，其中也包括面部表情和服装的配合，应该具有一致性或较强的关联性。应该将两个主体人物当作一个完整的主体来拍摄，避免将两人毫无关联地放置在画面中，分散观者的注意力。此外，人物间的交流也很重要，通过肢体语言传达出的情侣间的感情可以充分感染观者，让照片更加具有感染力和故事性。拍摄时，应选择合理的拍摄角度充分展现情侣的动作和表情，并且要注意背景中物体的位置安排，不能与人物的动作产生冲突。

拍摄青春动感的姿态是拍摄情侣照的关键。

拍摄参数
光圈：F5.6 焦距：70mm
快门速度：1/200s
ISO：100 中央测光

○ 以表情为主兼顾人物姿态

恰当的人物表情对于人物姿态的表现有辅助作用。当人物表情和姿态不搭配时，即使画面的构图、色彩等方面达到完美，整个画面还是不协调的，会给观者带来奇怪的心理感受。因此对于动作的设置仍然要以自然为前提，在自然的状态下表现出青年情侣的特质。

✗ 背景中出现杂乱的物体

拍摄时因为没有注意到背景中的灯柱，因此在男性人物的头上出现了粗壮的黑色线条，虽然依靠景深进行了一定程度的模糊，但还是对画面美感有所影响。

具有创意的动作造型可以为照片增加更多有趣的元素。

拍摄参数
光圈：F5.6　焦距：70mm
快门速度：1/200s
ISO：100　中央测光

为人物设置具有个性化的动作

具有创意的动作不仅能为画面加分，而且对于被摄者来说也是非常值得留念的回忆。拍摄具有一致性的动作要注意人物间的空间距离，通过合适的拍摄角度凸显身体线条，扬长避短。

运用同样具有"年轻"特质的道具让青春风格更突出

具有动感、激烈、速度等类似心理印象的道具都非常容易和年轻人联系在一起，拍摄时我们可以使用这样的道具相互搭配，一起展现人物。

借助道具的烘托营造画面风格。

拍摄参数
光圈：F5.6　焦距：70mm
快门速度：1/250s
ISO：100　中央测光

2. 具有电影情节的画面，传递出情侣浓浓爱意

在近几年的情侣写真市场，具有情节化的风格越来越受到消费者的欢迎，尤其是仿电影情节的组照或是海报风格，都成为情侣写真的首选。

想要拍摄具有电影风格的照片，色调和构图这两点是非常重要的，其中色调又占有很大的比重。照片的色调是决定画面整体感觉的主导，暖色调的色彩大多用来营造复古、田园等偏向重彩的风格，而冷色调大多用于营造工业、金属、冷艳等较为前卫时尚的风格。此外，韩日系淡彩风格也是许多摄影师的偏爱。降低画面的色彩饱和度，以拍摄人物的局部肢体语言为主，采用留白式构图给观者的想象力充分延伸的空间，这些都是韩日风格常见的拍摄手法。

另外，如果在拍摄时能使用平时不常用于拍摄双人照的拍摄视角，例如俯拍、仰拍等，反而容易制造出意想不到的画面效果。在电影画面中，展现情侣的镜头语言更是多种多样，我们可以从电影中借鉴一些画面的拍摄技巧。

用色彩制造出画面的电影感觉

绿色调是画面的主色调，黄绿色的前景不仅加强了画面的色彩感觉，丰富了照片的构成元素，还营造出自然清新的气息。

局部的姿态语言传达出故事情节

拍摄情侣具有标志性的局部肢体语言，可以让观者联想画面外的故事。低角度拍摄和斜线条的出现让主体部分更加突出，能使观者产生一种窥视的好奇感。

前景的设置让画面色彩感更加浓厚。

拍摄参数
光圈：F4.5　焦距：70mm
快门速度：1/250s
ISO：100　　中央测光

拍摄人物不保留头顶空间

许多拍摄者在拍摄人像时都喜欢让人物的面貌或身体塞满画面,给头顶留下的空间和拍摄侧面时鼻前留下的空间都很少,这种拍摄方法可以充分突出人物身体上的细节,但在拍摄情侣照时则不宜采用这种构图方法。对于情侣来说,表现相互间的感情交流比拍摄容貌更有意义,所以画面中必须有充分的空间来保证画面感情的渲染和延伸,给予观者舒适温馨的心理感受。

留白式构图不仅能让主体人物显得更加突出,还可以增强画面的意境。

拍摄参数
光圈:F4.5　焦距:70mm
快门速度:1/250s
ISO:100　中央测光

选择多样化的构图元素传达画面寓意

牵着手的情侣成为一个变相的圆形构图元素,也给观者和谐饱满的心理暗示。作为画面陪体同时又是直线元素的树木,通过竖幅拍摄强化了其挺拔、向上、茁壮的特质,配合人物向上仰望的姿势,传递出平静中带有动感的感觉,也象征着两人的感情会像树木一样长青常在,让画面充满内涵。

3. 抓拍自然的精彩瞬间，渲染甜蜜的画面感觉

摄影师为了拍摄到自然生动的人像作品，通常运用两种手法来达到目的。一是根本不使被摄对象察觉的抓拍，俗称偷拍。这里的偷拍是指主体人物在没有进入拍摄状态下的抓拍，例如拍摄休息的间隙，或是和周围人交谈的瞬间；二是通过启发和引导被摄对象，使其感情和表情产生自然变化，在这种情况下进行抓拍。在一般的拍摄过程中，拍摄者通常会将两种方法相互结合完成拍摄。

抓拍的优势在于能够获得无拘无束、自然生动的表情动作，通常使用长焦镜头配合高速快门或者连拍模式进行。

在放松的姿态下对人物进行抓拍能传达出一种自然舒适的感觉。

拍摄参数
光圈：F4.5　焦距：70mm
快门速度：1/250s
ISO：100　中央测光

具有生活气息的画面应保持一定距离抓拍

当情侣在拍摄休息的瞬间松懈下来的时候，拍摄者用中长焦镜头从远处抓拍了这样一张照片。从画面中可以看出人物此时十分放松的情绪和姿态，随性的动作中传递出两个人的默契和愉悦，简单的背景有助于人物的表现。

不对拍摄角度进行选择

对人物进行抓拍大多是随机的，因此不能对画面进行太过细致的选择。但拍摄前我们可以对人物位置进行一个大致的判断，例如在哪个角度两个人物的表情都可以清晰展现，而哪个位置会有所遮挡，拍摄时还是应该有所选择。

为人物设置一些简单的情景去表现，在情景中捕捉人物的交流。

拍摄参数
光圈：F4.5　焦距：70mm
快门速度：1/250s
ISO：100　中央测光

设置情节展现人物全身更有味道

抓取生动的瞬间，捕捉传神的表情，对于人像摄影的好坏有着重大的影响。通常一般的人对着镜头难免会紧张，所以为人物设置简单且易于表现的情节就是消除紧张的最好方法。左图中拍摄者为情侣设置牵手奔跑的小情节，并抓拍他们起跑的瞬间，眼神的交流和牵手的动作是画面的亮点。虽然是具有动势的动作，但具有平衡性和稳定感的构图方式使画面并不让人感觉紧张。

✗ 广角镜头俯拍人物

采用俯视角度拍摄人物时不应采用广角镜头，以避免畸变将人物的脸型和身材拉大，使用标准镜头或中长焦镜头拍摄更为合适。

采用吸引人物注意力的方法来捕捉瞬间的神态和动作，营造轻松自在的画面感受。

拍摄参数
光圈：F4.5　焦距：70mm
快门速度：1/250s
ISO：100　中央重点测光

4. 小道具展现人物魅力，为值得珍藏的青春留影

在拍摄情侣照的同时我们也可以拍摄一些相同风格的单人照来使整组照片更完整。在保持服饰和画面风格统一的前提下，灵活地借助小道具凸显人物的性格特质，同样受到年轻人的喜爱。注意在使用道具前最好和被摄者进行沟通，了解被摄者的喜好，选择合适的道具，这样才能有助于人物的表现。

运用鲜明的色彩突出主体

黄色、桃红色是画面中十分具有视觉吸引力的颜色，同时与画面中的蓝色、绿色形成对比，让主体人物看起来充满动感活力，完全从背景中凸显出来。

和谐的色彩可以点亮画面，突出人物的性格特点。

拍摄参数
光圈：F4.5　焦距：70mm
快门速度：1/250s
ISO：100　中央重点测光

大光圈营造空间意境

拍摄时背景中出现了斜线元素，使用大光圈进行一定程度的虚化，既保留了原本引导观者视线的作用，又加强了对人物的表现。平视的拍摄角度让画面显得自然、亲切。

平视角度拍摄让画面真实自然。

拍摄参数
光圈：F4.5　焦距：70mm
快门速度：1/250s
ISO：100　局部重点测光

夜·阑珊——夜景人像

在都市生活中，我们经常会在晚上逛街或去k歌，即使是在弱光环境中也希望能够记录下美妙的时刻！但在夜间拍摄人像往往不如在白天拍摄那样轻松，可能因为曝光不准确、闪光灯使用不恰当等问题，让拍摄出的夜景画面黯淡无光。

夜景人像的拍摄难度比较大。在相机设置上，最好选用曝光补偿功能或手动模式。在拍摄的时候可以使用慢速快门加闪光的方式，从而使前景人物和背景都能获得充分的曝光。

基本拍摄计划

BEST PLAN

- 拍摄不同色温中的夜景人像
- 拍摄不同光线下的夜景人像
- 拍摄不同背景下的夜景人像

 **实战操作步骤**

1. 改变色温塑造不同的夜景氛围

我们在拍摄夜景人像的时候，要注意拍摄时色温的设置。用不同的色温拍摄出的夜景人像会形成不同的视觉效果。当我们将色温设置为5500K或6000K拍摄时，表现出的画面感觉与实际感觉并没有太大差别；而使用3200K甚至更低的色温进行拍摄，就可以使画面形成暖色调的柔美效果。在拍摄夜景人像时，选用合适的色温拍摄可以形成具有强烈视觉冲击力的画面。

用高色温拍出的画面给人冷静、镇定的感觉。

拍摄参数
光圈：F1.8　焦距：135mm
快门速度：1/20s
ISO：800　矩阵测光

高色温的画面效果更接近夜景本身
低色温设置下拍出的夜景照片整体偏暖，有种暖光照射的感觉，这样的画面缺少了夜景中繁华的气氛。上图拍摄时采用较高的色温设置进行拍摄，画面整体泛蓝偏冷，更接近观者心目中的夜景的印象。

三角形构图营造稳定的感觉
以三角形构图拍摄人物可以给观者稳定、平和的画面感。

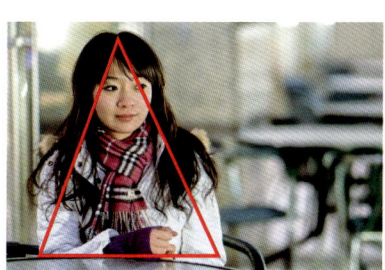

> **用低色温拍摄，营造出温暖的画面效果**
>
> 用低色温拍摄可以表现出夜色中温暖神秘的效果，在拍摄女性人像时尤其适用，能加强女性柔美迷人的特点。此外，低色温的设置在拍摄节日的夜景场景中也很适合，可以表现出喜庆、欢乐的气氛。

用低色温拍出的画面给人温暖、柔和的感觉。

拍摄参数
光圈：F1.8　焦距：135mm
快门速度：1/20s
ISO：800　矩阵测光

2.
控制光线拍摄清晰人像

拍摄夜景人像时必须要对人物进行一定的补光，补光的方式有许多种，比如环境补光、闪光补光和综合补光。但无论以哪种方式补光，都要以实际拍摄环境和最终面画效果为依据，并不是补光越多越好。并且在为人物进行补光时，要考充分虑各个补光装置的色温设置，以免不同色温的光线在画面中形成混乱的面画效果。

环境光和闪光灯组合，拍摄人物半身像。

在环境光中加以适当的人工补光

夜景中如果单靠环境光拍摄会出现曝光不足的情况，此时就需要加设闪光装置对人物进行补光。从画面中可以看出，右上方的环境光和左下方的闪光，完美结合，呈现出自然的画面效果。

拍摄参数
光圈：F1.8　焦距：135mm
快门速度：1/20s
ISO：800　矩阵测光

✗ 三个甚至更多的辅助光源会造成混乱的光线效果

在对人物进行补光时，最多使用两个灯，因为夜间的环境光虽然不够亮，但本身已经很复杂，如果再使用多个光源进行补光的话，人物脸上可能会出现奇怪的阴影，并会影响周围场景的表现。因此补光一定要简单有效，得到合适的光线效果即可。

利用小型闪光灯增添柔光，刻画人物姣好的面容。

拍摄参数
光圈：F1.8　焦距：135mm
快门速度：1/125s
ISO：800　矩阵测光

眼神光使人物的双眼更加炯炯有神

对小型闪光灯进行光线柔化处理

拍摄夜景人像的面部特写时，采用经过柔化处理的闪光是不错的选择，过硬的直射闪光将会让人物面部显得过亮、不自然从而失去原本该有的层次，因此一定要对闪光灯光源进行某种程度的柔化处理。要柔化闪光灯光线，可以在小型闪光灯前加放柔光纸，或使闪光灯的光线经过墙面等物体的反射后投射在人脸上。

夜景人像中的眼神光尤其重要

无论采取哪种补光方式，都不要忽视对人物的眼睛进行补光处理，因为眼神光会让人物显得更有精神和活力。

○ 和谐的环境光让人物更加自然

拍摄这张图片时，拍摄者选择了一处光线较为充足的环境，以自然的现场光线抓拍人物自然放松的姿态。环境光与人物服装的色彩搭配和谐，为画面增添了几分轻松活力的感觉。

✗ 平光展现夜景人物

夜景人像不应采用平光来拍摄，因为平光适合拍摄较为严肃的肖像照，以便于展现人物的面部细节，但缺点就是缺乏立体感。而在夜景拍摄中，人物立体感的表现十分重要，故不应采用。

环境光营造出自然的光线效果。

拍摄参数
光圈：F5.6　焦距：90mm
快门速度：1/30s
ISO：640　点测光

3. 转换背景为人物增添更多韵味

夜景环境中,光线条件常常比较复杂,复杂的光线效果对于拍摄人物影响很大,因此背景对于人物的展现就有着十分重要的作用。夜间环境不同于白天的拍摄环境,灯光的装饰可以让周围的场景呈现出不同的感觉,使其更加丰富多彩。在拍摄时,我们要注意用背景来衬托人物主体,这就需要控制光圈、调整景深以及运用色彩等,力求得到完美的拍摄效果。

超大光圈营造梦幻浪漫的画面效果。

拍摄参数
光圈:F1.8 焦距:135mm
快门速度:1/40s
ISO:800 矩阵测光

利用大光圈拍摄霓虹灯的迷离效果

在霓虹灯密集的城市街道拍摄人像,使用大光圈和较高的感光度可以让背景形成一定的虚化效果,并且能从一定程度上减少曝光时间,保证更多的通光量让人物主体清晰。在大光圈的作用下,霓虹灯可以形成圆形或椭圆形的光晕,能为画面增添梦幻唯美的效果。因此大光圈很适用于夜景人像的拍摄。

以城市高楼作为背景，为画面增添都市的生活气息。

拍摄参数
光圈：F1.8　焦距：135mm
快门速度：1/40s
ISO：800　矩阵测光

街头场景为画面增添更多的生活气息

高楼大厦林立是城市中的最常见的场景之一，在高楼前取景，不仅为画面增添了生活气息，复杂的灯光也使画面更加绚丽。

多元化的画面线条让构图显得饱满

建筑前的弧形台阶和女性的柔美形象形成呼应，描绘出人物柔美优雅的气质。背景高楼中的垂直线制造出挺拔舒展的画面感受，让照片看起来大气简洁。

✗ 俯视角度拍摄人像坐姿

采用俯视角度拍摄人物的坐姿，效果是十分不好的。因为俯视角度拍摄时既不适合用长焦镜头也不适合用广角镜头，对人物主体的形体细节和背景都不能进行很好的展示。因此如果没有特殊需要，最好不要俯拍人物，而应从侧面或从正面进行拍摄。

以人行街道为背景,让画面丰富多彩。

拍摄参数
光圈:F2.8 焦距:135mm
快门速度:1/30s
ISO:800 点测光

慢速快门加大光圈让背景人物虚化

选取街道上的路人作为背景是许多摄影师惯用的拍摄手法之一,静态的人物主体和动态虚化的人流所形成的对比会成为画面的亮点。图中拍摄者也采取了同样的拍摄手法,较慢的快门速度与大光圈配合拍摄出人流的虚化效果,背景中斑斓的色彩也成为画面的一大亮点。

根据人物服装选择画面背景

夜景人像中人物服装的色彩也很重要,饱和度较高的颜色通常会在夜色中更显鲜艳,而深颜色往往会显得更加沉闷。图中被摄者身着白色服饰,使人物本身具有清新唯美的感觉,黄色光线的照射也使得画面看起来更加温暖。

使用高速快门加闪光灯的方式拍摄夜景人像

使用高速快门加闪光灯的方式拍摄夜景人像,往往使前景人物曝光正常而背景欠曝。而使用慢速快门加闪光的方式拍摄夜景人像,则可以使前景和背景都曝光充分。

以街边小景为背景,让人物更有气质。

拍摄参数
光圈:F4.8 焦距:42mm
快门速度:1/30s
ISO:1600 点测光

青春纪念册——少女

如果身边的人询问你是否能抽空为她拍一组生活写真,留下青春中最美好的岁月,那么你千万不要错过这样的机会。利用你的镜头和创意,让被摄者在照片中看起来比她们本人还要具有魅力。一幅优秀的人像作品不仅是对被摄者外表、容貌的表现,更要体现其性格特点。想要拍出这样的照片,就需要拍摄者具有两种基本技能:一是善于观察,能观察到最能表现人物性格的特征;二是善于掌握时机,要在表现人物性格的画面出现时,迅速按动快门。

基本拍摄计划

- 拍摄人物可爱丰富的面部表情
- 拍摄人物的不同姿态
- 拍摄不同角度的局部特写

BEST PLAN

实战操作步骤

1. 丰富多变的表情是绝佳的拍摄题材

人物表情是人像写真中非常重要的表现题材，无论被摄人物的长相如何，一个生动精彩的表情总是能为画面加分。在拍摄过程中，拍摄者要想捕捉到被摄者的生动表情，首先要了解其性格。眼睛是心灵的窗户，最能体现人物的内心活动，所以处理好眼神至关重要。另外，拍摄者要创造出一个更为轻松和谐的拍摄环境，主动积极地调动被摄者的情绪，让其流露出真挚而自然的表情，以此获得令人印象深刻的画面。

捕捉自然状态下的可爱表情。

拍摄参数
光圈：F2.0　焦距：50mm
快门速度：1/250s
ISO：200　矩阵测光

虚化背景突出人物

作为人像作品，背景对于画面效果的影响很大。背景中出现的物体太多就显得繁杂，人物就会不够醒目。这种情况下，可以选择比较清爽简洁的场景作为背景，同时将焦距调至标准甚至长焦端，并充分利用大光圈的虚化优势，大胆地省略掉背景细节，得到如上图一样简洁而又主体明确的画面效果。

在画面的一边留白，另一边安排人物，画面整体显得有疏有密，空间合理

简洁的背景更有利于人物主体的展现。

拍摄参数
光圈：F2.8　焦距：100mm
快门速度：1/320s
ISO：200　矩阵测光

采用长焦端方便地调整背景

采用广角端拍摄时，画面背景总是会比较广，很难获得简洁的背景。使用长焦端拍摄则能够集中表现被摄对象，将背景化繁为简。其中的原因就是视角的变化。长焦端视角比较狭窄，所以能够轻易限定成像范围。如左图中，尽管拍摄环境比较杂乱，但使用长焦端拍摄，只截取想要的画面范围，便可轻松获得人物主体突出、背景干净简洁的画面效果。

拍摄时和谐的沟通有助于抓拍生动的表情。

拍摄参数
光圈：F2.8　焦距：100mm
快门速度：1/640s
ISO：200　矩阵测光

灵活使用抓拍

在人像摄影中，抓拍是经常被用到的拍摄手法，特别适用于被摄者紧张、有些拘束的拍摄初期的时候。许多拍摄者都会尝试和被摄者进行一些有趣的交流，在交流的过程中让被摄者自然地放松下来，然后迅速按下快门抓拍其生动的表情。

2. 灵活调整角度拍摄人物姿态

相机拍摄的角度不同，画面也会呈现出不同的效果。从上方俯拍人物时，人物头部会显得比较大；如果是从下方仰拍的话，距镜头最近的腿部就会显得比较长。在实际拍摄时，还要注意变化镜头的焦距。用广角端拍摄出的画面会有些夸张或变形的效果，所以要想将人物的腿部线条拍得更加修长，就采用"广角镜头"加"低角度"的方式拍摄。

脸部比身体更靠近镜头会增加一种可爱的感觉。

拍摄参数
光圈：F1.7　焦距：50mm
快门速度：1/500s
ISO：100　矩阵测光

标准镜头控制人物变形

拍摄人物全身照时不同的焦段会产生不同的画面效果。标准镜头拍出的画面最接近人眼观看的效果，图中人物的头部向前伸，离镜头较近，拍摄者使用标准镜头有效地抑制了变形，拍摄出的画面自然而又具有亲近感。

将人物放在画面中心，使其形象更加突出

利用广角镜头拉长人物腿部线条

使用广角镜头拍摄全身人像，如果采用低角度拍摄，会产生畸变。但有时可以利用这一特点来弥补被摄人物本身的某些缺点，比如腿较短、上身较长。此时采用这种方式拍摄，会拉长腿部线条，使其更显修长，增加人物的美感。

给背景留出适当的空间。

拍摄参数
光圈：F2.8　焦距：100mm
快门速度：1/250s
ISO：200　矩阵测光

回眸动作展示女性柔美

回眸望镜头的姿式不但可以展现出人物优美的肩部线条，还可以使人物更具吸引力。不过需要注意的是，人物脖子扭动的幅度不能太大，否则就会使表情不自然。横向构图可以交代更多背景，逆向留白也使画面更有韵味。

简单的半身照足以表现人物

半身照同样可以表现人物的姿态和美感。如右图，人物双手轻握衣领、下巴内收，使脸部看起来更加小巧。同时，侧身而立也令身体更显苗条，即便只拍摄上半身，也能表现人物姿态的美感。

侧向站立看起来会更苗条。

拍摄参数
光圈：F2.8　焦距：100mm
快门速度：1/640s
ISO：200　矩阵测光

蹲姿是人像拍摄中比较不好把握的一种姿势。

拍摄参数
光圈：F1.7　焦距：50mm
快门速度：1/400s
ISO：100　矩阵测光

蹲姿常常用于表现可爱纯真的感觉

蹲姿在人像摄影中其实出现得很少，但这并不代表蹲姿的拍摄效果不好。女性在下蹲时常会出现一种"小孩子"的纯真感觉，因此蹲姿适合表现比较好动、活泼的对象。在拍摄时还要注意，如果被摄对象穿的是裙子等服饰，应选择稍侧的拍摄角度，防止走光情况发生。

Z字形线条突出少女的可爱造型

✗ 拍摄蹲姿就无需在意线条的排列

许多拍摄者都知道体型偏胖的被摄者不适合拍摄蹲姿，但遇到偏瘦的被摄者也未能拍出很好的效果，原因就在于拍摄蹲姿时放松了对画面中线条的把握。人在下蹲时其实仍然存在身体线条，只要我们调整一下拍摄角度，加强背部线条的表现，即使是蹲姿也能充分传达出优美的感觉。

3. 富有魅力的局部特写增强人物美感

大家是否一直都是随便地从所处的位置直接拍摄呢？如果是这样的话，拍摄技术是很难得到提高的。拍摄其实是从考虑与被摄体之间的位置关系开始的。在拍摄前，首先就要考虑如何取景。从某种意义上来说，专业摄影师所拍摄的照片没有明显疏漏，照片中的留白和构图都经过了精心的设计，使得照片格外引人注目。虽然我们无法立刻掌握这种手法，但只要离模特再近些，大胆构图取景，就能够使画面发生巨大变化。

即使不完全拍摄出人物头部，也可以展现生动的表情。

拍摄参数
光圈：F2.8　焦距：100mm
快门速度：1/200s
ISO：100　矩阵测光

大胆取景表现人物生动的表情

使用长焦镜头可以更好地展现人物的表情。这是因为长焦镜头可以拉近与拍摄对象的距离、缩小背景的面积，让观者的注意力集中在人物表情上。上图中，拍摄者保留人物下巴的曲线，更好地表现人物的面部轮廓，刻画出人物的表情。

对照片加以裁切让主体更突出

如果是横向构图，可以以头部上方为起点开始取景，这样比较容易决定构图。然后在脸部的左方或右方留出一定空间，并进行适当的裁切，这样就不会感到画面空间过于局促了。

用人物的眼神抓住观者的注意力。

拍摄参数
光圈：F2.8　焦距：100mm
快门速度：1/640s
ISO：400　矩阵测光

斜侧面拍摄唇部

斜侧面的拍摄角度比较适合展现唇部的立体感，细微的亮部和暗部过渡也有助于轮廓的塑造。拍摄人物面部的下半部分，能让充满美感的唇部更加突出。

服装的色彩衬托出人物肤色的柔和。

拍摄参数
光圈：F2.8　焦距：100mm
快门速度：1/200s
ISO：100　矩阵测光

侧面拍摄唇部

侧面的优美轮廓线条拍摄人像有助于表现局部角度。拍摄者在拍摄时还纳入了眼部的细节，让画面有一种不经意的抓拍感觉，从而使画面氛围自然轻快，给观者带来愉悦的视觉感受。

露出一点点眼部细节，使构图有种不经意的自然感。

拍摄参数
光圈：F2.8　焦距：100mm
快门速度：1/200s
ISO：100　矩阵测光

正面拍摄唇部

正面拍摄五官的局部，主要是描绘其形态特点。虽然表现效果不如侧面以及斜侧面有张力，但更能引发观者的联想。在拍摄唇部正面时要注意纳入画面的鼻子的比例，以免破坏女性五官的精致感。

正面拍摄唇部应该注意鼻子的部分。

拍摄参数
光圈：F2.8　焦距：100mm
快门速度：1/200s
ISO：100　矩阵测光

宝贝时光

为孩子拍照是每个家长的必修课之一，把孩子成长中值得纪念的瞬间用照片记录下来，不仅可以时常回味，也可以作为一家人永久的珍贵纪念。

儿童摄影的审美标准与普通的人像摄影不同，照片中的儿童之所以可爱，是因为表现出了他们天真烂漫的一面。在儿童摄影中，真实和自然就是美的标准。因此拍摄儿童照片时，要以抓拍为主，不要故意设计动作。拍摄时，可以在与儿童平视的角度拍摄，也可以站高些俯拍，甚至可以躺下来仰拍，富于变化的视角能够增加照片的趣味性，让人百看不厌。

基本拍摄计划

- 多种角度拍摄儿童的生动表情
- 借助玩具表现儿童的活泼天性
- 远距离拍摄儿童的自然神态

BEST PLAN

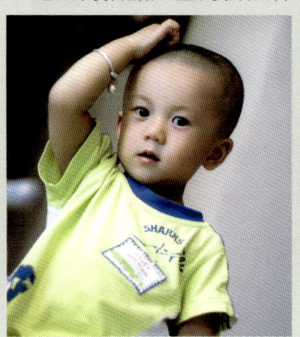

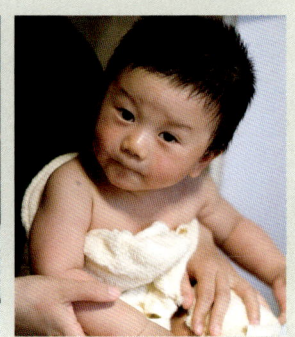

实战操作步骤

1. 多种拍摄角度，记录儿童的纯真表情

在日常生活中，我们看到的家庭儿童照片，大多是拍摄者在与孩子保持平视角度拍摄的，角度基本没变化，显得比较平淡。其实在拍摄儿童时，要想充分表现其丰富纯真的表情，至少应该有三个拍摄角度：与儿童平视的角度；站高些俯拍；蹲下来，甚至躺下来仰拍。拍摄时，应尽量多角度地展现儿童的丰富表情。

使用大光圈凸显儿童的面部特征

采用正面的方向拍摄人物，能很好地表现儿童的面部特征，此时面部的各部分都处在对称的状态，对于儿童的眼神、面部表情等都能很好地展现。但正面拍摄的画面会略显平淡，所以拍摄者应采取大光圈虚化模糊背景的方法来凸显主体。

使用强光拍摄儿童

拍摄儿童要以儿童的安全为重，强烈的闪光或者辅助光源会对儿童的眼部健康造成伤害。应尽量以自然光为主，即使需要使用辅助光源也要以柔光为主。

平视角度拍摄出的画面更加自然。

拍摄参数
光圈：F2.0　焦距：50mm
快门速度：1/160s
ISO：100　矩阵测光

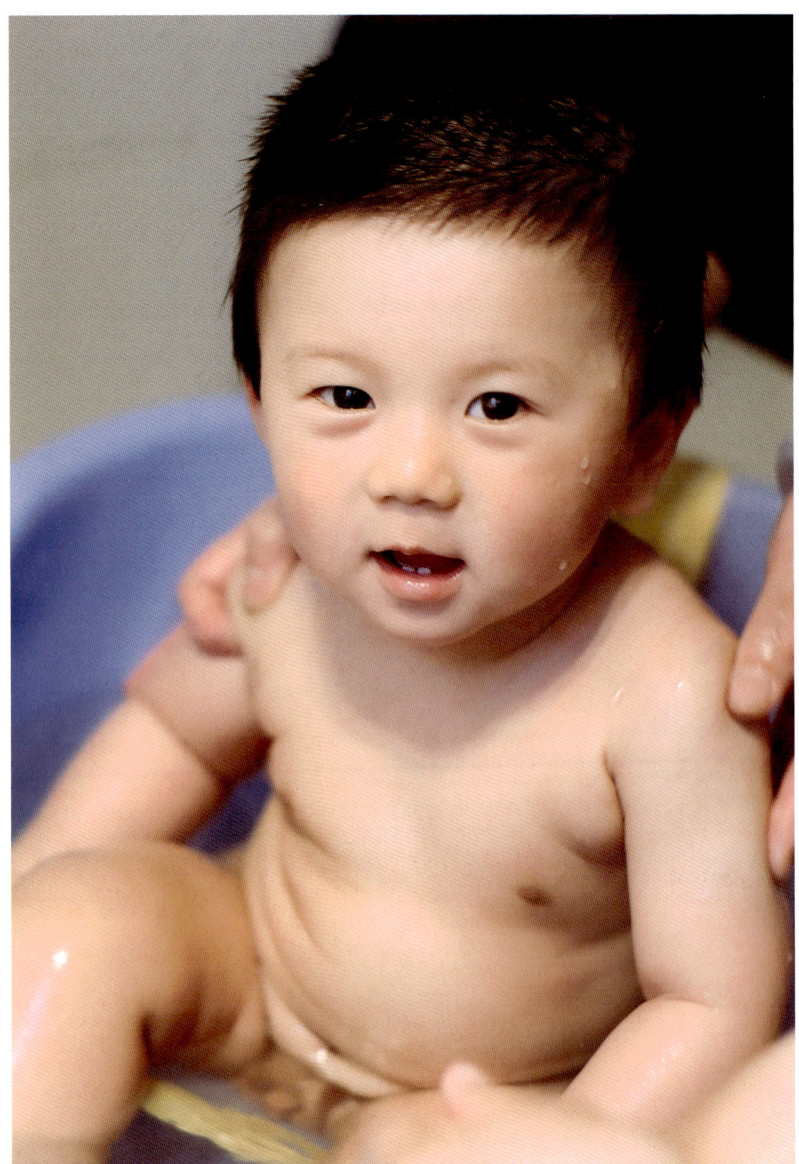

拍摄参数
光圈：F2.0　焦距：50mm
快门速度：1/100s
ISO：100　矩阵测光

生活化的场景为画面增添温馨感

对儿童的拍摄很多时候都可以在家里进行，生活化的场景完全可以为画面增添温馨感。拍摄儿童并不一定要以"笑"的表情为主，生气、大哭、疑惑等可爱生动的表情都可以成为画面的焦点，这就让画面有了更多的趣味性，同时使用开放式构图，让这种趣味性进一步增强。

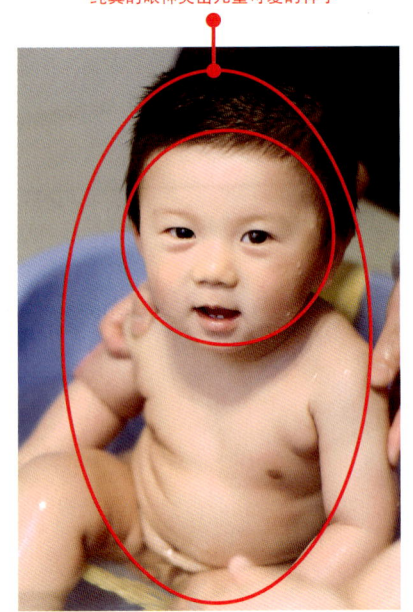

纯真的眼神突出儿童可爱的样子

俯拍角度让儿童纯真的眼神更加突出。

2. 搭配趣味玩具，表现儿童的活泼天性

几岁大的儿童对世界充满了神奇，会活泼可爱，也会调皮捣蛋。他们可能会非常配合地对镜头微笑，也可能会对镜头非常警惕，让你抓拍不到他们最真实的一面。所以最好在他们玩游戏时进行拍摄，而不是尝试让他们做出你想要的动作。

玩具对儿童摄影的帮助很大，这种帮助不仅会体现在画面上，更会融入拍摄过程中。让孩子充分发挥出他的活泼天性。轻松而快乐的拍摄氛围会有助于儿童自然的表现，更重要的是，这种气氛也会被生动地定格在画面中。

有趣的玩具会让儿童在拍摄时更加放松。

拍摄参数
光圈：F2.0　焦距：50mm
快门速度：1/100s
ISO：100　矩阵测光

利用玩具的色彩为画面增添活泼感

儿童的玩具通常都具有丰富而鲜艳的色彩，在拍摄时如果儿童的服装色彩并不引人注目，那就利用玩具的色彩有效地抓住观者的视线，为画面增添活泼的感觉。

适度的引导可以得到更好的画面效果

在拍摄儿童时，不要忘了进行适度的引导。在给儿童玩具帮助他表现自己的时候，有些贪玩的儿童会忘记镜头的存在，经常会离开相机的拍摄范围，或远离最好的拍摄背景，此时最好能有另一个人作出及时的引导，让儿童回到易于拍摄的位置，使拍摄者捕捉到最合适的画面。

借助玩具展现儿童更多样的表情。

拍摄参数
光圈：F2.0　焦距：50mm
快门速度：1/100s
ISO：100　矩阵测光

3. 使用长焦镜头，抓拍玩耍中的儿童

很多优秀的儿童照片都是在户外拍摄的，自然光是儿童摄影中最好的光源。儿童活泼好动，如果让他们在美丽的大自然里无拘无束的嬉戏，孩子在镜头前的局促心理就会逐渐消失，这样就可以抓拍到许多美妙的瞬间。

我们已经知道用长焦镜头拍摄人物的优势，这些优势对于儿童摄影来说会更加明显，孩子们在沉浸于自己世界的时候总是最自然、真实的。如果儿童的姿势总在变，那么就可以尝试连续拍摄，以便增加拍摄者捕捉到极佳表情和画面的几率。不过在这种情况下使用JPEG格式而不是RAW格式是更为切实可行的选择。如果使用闪光灯，快门速度最好不要超过相机的闪光同步速度。

高速快门拍摄儿童的瞬间表情

儿童在户外玩耍时有许多拍摄机会，拍摄左图时拍摄者从远处使用高速快门拍摄，既抓住了有趣的瞬间表情又防止了因使用长焦镜头可能引起的相机抖动。此外，不要忘记打开相机的光学防抖开关，或者将感光度调高，这样能够提高拍摄的成功率。另外，能够预测最佳拍摄时机也是拍摄出成功画面的关键。

用长焦镜头对儿童进行连续拍摄，有助于清晰地抓拍可爱动人的表情。

拍摄参数
光圈：F2.8　焦距：100mm
快门速度：1/500s
ISO：100　矩阵测光

道具和背景的配合体现孩子活泼的天性。

拍摄参数
光圈：F2.8　焦距：100mm
快门速度：1/1000s
ISO：100　矩阵测光

注意与孩子的交流更有助于拍摄

给儿童拍摄时，需要注意多与之进行交流，很多时候，孩子的笑容来自于交流的过程中。如果在室内给孩子拍照，孩子未免有所拘束，表情也不够自然。理想的儿童照片都是在与孩子一起游戏或在游戏中与孩子交流时得来的。

具有纵深感的线条更能吸引视线

拍摄者特意选取了具有视觉引导效果的画面背景，同时利用色彩的对比来对儿童的形象进行突出。大光圈的使用既保留了背景的趣味性又凸显了主体人物，获得了很好的画面效果。

✗ 以固定的距离拍摄儿童

很多家长在给孩子拍照片时，基本都采用一个距离去拍，即拍摄者与儿童的距离在2~3米左右。以全身或大半身像为主，缺乏距离感，画面十分单调。其实在为儿童拍照时，可以尝试不同的拍摄距离，分别使用远景（3米以外）、中景（2~3米以外）、近景（1米以外）、特写（0.5米以内）进行拍摄，这样得到的画面才更多样。

拍摄总结
人像摄影

不同角度光线的照射效果

不论是自然光还是人造光，都可以形成不同的光线角度。按角度划分，光线常分为顺光、侧光、逆光、顶光及底光。对于人像摄影而言，我们最习惯运用的还要属顺光、侧光和逆光三大角度的光线，而底光则是最少使用的光线角度。

■ 了解常见的光线角度

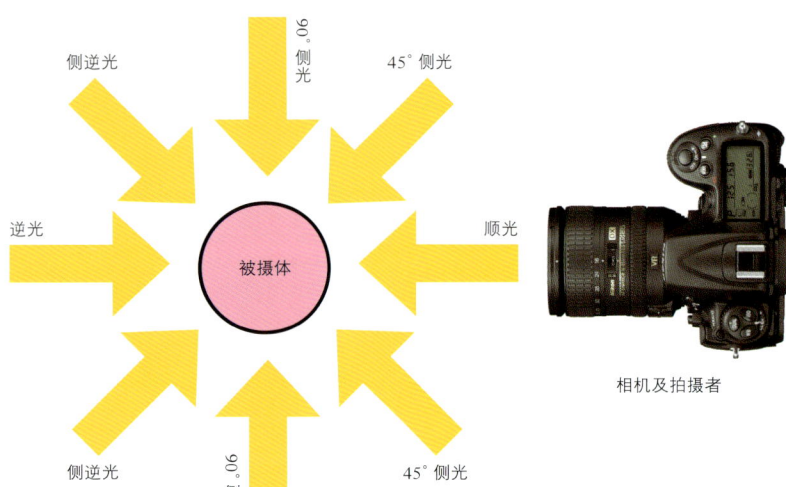

光线的角度是针对拍摄者和相机的位置关系而定的。

因此同样的光线环境下，拍摄者可以拍摄出不同角度光线的画面效果。但无论是运用什么角度的光线，对于普通的人像摄影而言，呈现出清晰的人物面部是很有必要的，同时如果能够营造出眼神光更是会为画面效果加分。

■ 不同角度光线的效果

顺光

顺光可能会使被摄人物显得立体感不足，让人物的脸向适当地转向一侧，便可以增加人物的立体感。

拍摄参数
光圈：F1.4　焦距：50mm
快门速度：1/80s
ISO：400　点测光

侧逆光

侧逆光是介于90°侧光与逆光之间的一种光线，在勾勒人物轮廓的同时还可展现人物立体感。

侧光

不论是用45°侧光还是90°侧光拍摄，在光与影的相互作用下，人物的立体感可以被很好地营造出来。

拍摄参数
光圈：F2.0
焦距：50mm
快门速度：1/60s
ISO：400
点测光

拍摄参数
光圈：F1.7
焦距：50mm
快门速度：1/60s
ISO：400
点测光

逆光

在纯粹的逆光环境下，可以获得两种截然不同的画面效果。一种是仅仅表现轮廓感的剪影效果，可以展现人物的曲线美，但无法表现人物的细节特。另一种则是借助补光，让人物既有轮廓光的展现，又能凸显更多的细节。

拍摄参数
光圈：F2.8
焦距：50mm
快门速度：1/80s
ISO：400
点测光

拍摄参数
光圈：F2.8
焦距：120mm
快门速度：1/80s
ISO：400
点测光

TIPS

在侧逆光或是逆光环境下拍摄通常人物的面部可能会曝光不足，因此需要使用反光板或人造光源来为人物正面进行补光，使人物正面的细节呈现出来。

有效的补光工具

在人像照片的拍摄影,自然光是不能完全满足我们的拍摄需求的。为了能在逆光或是弱光环境下同样获得明亮的画面效果,需要借助补光工具对人物进行补光。

■ 反光板

通常,反光板是用来为被摄体补光的工具。常用的反光板有四种颜色——白色、银色、金色和黑色,偶尔我们也会用到半透明的柔光板。四个反光板、一个柔光板就是市面上五合一反光、柔光装置的一个组合。下面将对它们的作用进行讲解。

白色反光板

白色反光板的反光性能较弱,其补光效果柔和而自然。往往在整体光线条件较好,仅需为暗部稍补一点光的情况下使用。

银色反光板

银色反光板的反光性能较强,即使在光线较弱的环境下也能起到很好的补光作用,所以银色反光板是比较常用的一种反光板。人像摄影中,银色反光板还可以用于制造眼神光。

金色反光板

金色反光板的反光性同样较强,但其产生的反光色调偏暖,可以使人物肤色变得更加湿润好看。在人像摄影中金色反光板反射出的光可以作为主光使用。

白、银、金、黑、柔五合一反光板

黑色反光板

黑色反光板其实并不能反射光线,而是起到吸收光线的作用,因此也被称为"吸光板"或"减光板"。常被用来阻隔强光环境下的反光,为人物增加适当的阴影。

柔光板

通常被用在光线较强环境中,将它改在光源与被摄体之间,起到减弱光线、降低反差的作用。同时,还可以防上被摄体的表面产生生硬的阴影。

■ 闪光灯

闪光灯是一种重要的补光设备,一般分为内置闪光灯和外接闪光灯两大类。使用闪光灯可以保证在光线昏暗的环境中获得清晰明亮的画面。在户外拍摄时,闪光灯还可当作辅助光源,用以强调人物皮肤的色调。

内置闪光灯

目前,市面上非135全画幅的数码单反相机的机顶几乎都有一个内置闪光灯。

但这类闪光灯的功率往往不高,只能在极其有限的距离内对被摄体进行补光,并且由于其不能移动的原因,所以在拍摄时只能对被摄体进行正面补光,在使用时多有不便。

内置闪光灯

> **TIPS**
> 目前除了 Nikon D700、Sony α900 这几款全画幅数码单反相机有内置闪光灯外,其他全画幅数码单反相机都没有内置闪光灯。

外接闪光灯

外接闪光灯

外接闪光灯既可以安装在单反相机的机顶，又可以通过使用引闪装置将其布放在拍摄者需要的任何地方进行同步闪光拍摄。

外接闪光灯，不仅有着更大的输出功率，而且也有着可以灵活转动的的优点。即便是拍摄者将外接闪光灯与相机直接连接使用，也可以将其灯头或灯身进行旋转，改变光照方向，制造理想的闪光效果。

■ 外拍灯

外拍灯可以被视为一种特殊的外接闪光灯，不过闪光的功率比普通的外接闪光灯更高，并且还可以实现持续光的照明。

天气的场坏和时机的把握决定着出片的效果，而有了外拍灯光，使可以在户外环境中自由控制光线和拍摄时间。根据灯光器材的配置程度，摄影者可以基本忽略阳光的主导作用，主动有效地利用外拍灯模拟自然光的效果。不论是白天还是晚上，都可以轻松地拍摄。

> **TIPS**
>
> 若在室内使用外拍灯，可以借助电源变压器连接在电源上费通电。者在户外使用，因为其功较大率，普通的电池不足以满足其功率的输出，所以要选择与外拍灯相匹配的电源设备。

外拍灯+外接电源的组合

■ 柔光装置

前面介绍的柔光板大多情况下是在自然光下使用。而这里所介绍的柔光装置，则主要是使用在闪光灯和外拍灯上。其原理是光线在经过柔光装置之后，原本直射的光线变成了散射的光线，从而达到柔化光线的作用，避免人物身上产生生硬的阴影，使画面显得更加柔和。

下列图中，分别是内置闪光灯柔光罩、外接闪光灯柔光罩，以及外接闪光灯和外拍灯都能使用的柔光伞和柔光箱。这些柔先装置可以满足不同拍摄的拍摄需要。

 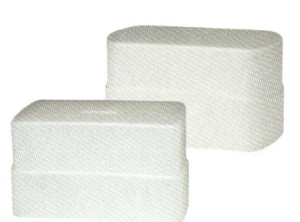  

内置闪光灯柔光罩　　　外接闪光灯柔光罩　　　柔光伞　　　柔光箱

不同照片风格的应用

在不改变曝光参数的情况下，也可以通过改变"照片风格"的设置，获得不同的画面效果以符合拍摄者的拍摄主题。下面以佳能相机的照片风格菜单为例进行演示。

■ 选择照片风格

拍摄者可以根据个人的喜好直接选择已有的照片风格。

标准

拍摄出的画面色彩鲜艳、清晰、明快，使用于大多数场景的拍摄。

人像

拍摄出的画面比较柔和，人物肤色也比较自然，非常适用于人像摄影。

风光

拍摄出的画面中，绿色和蓝色的饱和度比较高，画面清晰、明快，适用于拍摄生动的风光摄影。

中性

该风格也适于喜欢对图像进行后期处理的拍摄者，用于拍摄色彩自然及反差柔和的图像。

可靠设置

该风格适合喜欢对图像进行后期处理的拍摄者，在5200K色温下拍摄出的图像可能会显得昏暗，但是色彩和反差都相对柔和。

■ 自定义照片风格

佳能相机的用户还可以在已有照片风格的参数基础上进一步进行自定义设置。而尼康等品牌的相机就不支持直接对已有的照片风格进行自定义的操作。

单色

通常用于表现黑白图像。若拍摄者不做任何设置，则会直接得到如上图这样的黑白图像。

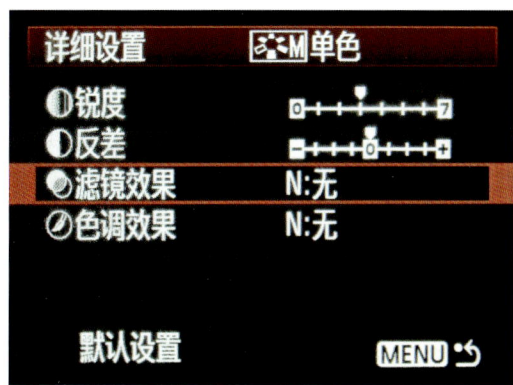

上图是设置为红色滤镜的图像效果。

上图是设置为褐色调的图像效果。

> **TIPS**
>
> 在不使用RAW格式拍摄图像时，无法将黑白图像转换为彩色图像。在开启单色照片功能后，取景器中会显示B/W字样，告知我们正在使用该模式。

■ 注册照片风格

除了选用已有照片风格及对已有照片风格进行自定义设置外，佳能相机的用户还可以在"用户定义"下，自主地设置并注册独具特色的照片风格，以便以后拍摄使用。

上图是拍摄时使用锐度为7、反差为-4、饱和度为-4、色调为-1的自定义设置而得到图像效果。

上图是拍摄者使用锐度为7、反差为4、饱和度为-4、色调为0的自定义设置而得到图像效果。

拍摄者可以对照片的锐度、反差、饱和度和色调四个方面进行个性化的设置。

PART 4

城市与建筑
夜景与暗光摄影

- 建筑艺术的精华——教堂
- 摩登时代——城市建筑
- 夜空不寂寞——烟花
- 正是华灯初上时——都市夜景

建筑艺术的精华——教堂

在众多的建筑物拍摄题材中,教堂的拍摄是较为特别的一类。教堂建筑因其独特的宗教氛围和建造结构,拥有着广泛的表现题材。无论是建筑物本身的线条、透视,或是室内的光线造型、墙面装饰,又或者是前来游览的游客、祷告的信徒,都可以成为镜头中绝佳的主角。

在教堂内拍摄时,尤其要注意对光线的把握,因为室内光线较暗,在教堂内尤其如此。拍摄时不妨携带偏振镜帮助控制画面光比,从而获得理想的光线效果。

基本拍摄计划

BEST PLAN

- 拍摄教堂独特的建筑结构
- 拍摄教堂中富有魅力的光线
- 拍摄教堂内的人物活动
- 拍摄典型的教堂细节

实战操作步骤

1.
利用线条展现教堂独特的建筑结构

线条对于表现建筑物的结构来说是十分重要的，水平线条能展示建筑物的宏伟庄严，垂直线条能凸显建筑物的高大挺拔。除了传统意义上对于建筑物"横平竖直"的拍摄要求之外，有时创造性的拍摄手法也能获得不错的画面效果，例如倾斜镜头、压缩景深、选择具有反差效果的前景等。

建筑物属于比较容易产生生硬感的拍摄题材，画面应体现出生动与柔和相结合的效果，其中比较常见的手法就是运用色彩的搭配和陪体的衬托。建筑物的拍摄视角多种多样，当走到教堂面前时，一定要仔细观察其最明显的特点，并将其在画面中充分体现出来。

丰富的线条组合凸显建筑物的纵深感

画面下方是走廊地板形成的汇聚线条，画面的上方是吊顶装饰形成的曲线条。多样化的线条从画面外向中心汇聚，让观者的视线随之向前移动，增加了画面中场景的立体感。此外，画面中两个人物的出现使场景看起来更加真实，而人物和建筑物的大小对比也使场景的气势更为宏大。

拍摄参数
光圈：F2.8　焦距：17mm
快门速度：1/125s
ISO：100　矩阵测光

自然光清晰表现教堂的建筑结构。

仰视角度让教堂显得更加宏伟。

拍摄参数
光圈：F11.0 焦距：16mm
快门速度：1/125s
ISO：100 矩阵测光

运用色彩衬托建筑物的造型

天空的蓝色和建筑物的黄色形成色彩对比，天空中的白云和深色的屋顶也形成明度对比，这两种对比使钟楼复杂的结构得到了完整的展现。画面以仰视角度拍摄，并以树木作为陪体，让建筑物高耸的形象更加突出，强化了庄严肃穆的观感，使观者感受到一种震慑力。

剪影效果让画面更具形式感

拍摄者在拍摄具有特色的建筑物屋顶时，特地选择了一个路标和另一栋建筑物的局部作为前景，并且将前景拍摄为剪影效果。在强烈的明暗对比和丰富的前景线条的衬托下，建筑物的形体更加突出。另外，这样的取景也有效地填充了画面的空白部分。

拍摄参数
光圈：F11.0 焦距：16mm
快门速度：1/125s
ISO：100 矩阵测光

利用前景为画面增加趣味。

2. 合理曝光加强教堂室内的光线魅力

教堂的室内光线条件在所有建筑物中是较为特殊的一种，这和教堂本身的宗教氛围很有关系。因此在拍摄教堂时，大多数情况下拍摄者都会使用低色温拍摄，使其产生暖色调效果，用以加强教堂给人的温暖感觉。

教堂中的光线大多都来自色彩浓郁的玻璃窗或是通透的天窗，光线和周围环境的明暗对比十分强烈，因此在拍摄时准确曝光十分重要。但不同于对其他建筑物的拍摄要求，强烈的光比也能在教堂的画面中营造出圣洁、充满希望的氛围，拍摄时应该根据自己的需求灵活选择曝光值。另外，如果现场光比过大，就抓住画面中关键部位正确曝光。

漂亮的色彩让主体显得丰富多彩，明亮的光线也是引人注目的原因之一。

利用明暗对比突出建筑细节

采用反光材质制作的玻璃窗将原本柔和的光线变得更加明亮，光线亮度的增强也使得色彩的明度更高。充足的亮度让玻璃周围的建筑细节都得到展现，画面从最亮到最暗区域的层次显得丰富，因此教堂中的建筑细节在画面中清晰地呈现。

竖画幅让窗户的形状更加突出

教堂中的装饰物大多都以显著的高度为特色，在有限的拍摄区域中，必须要选择恰当的画幅突出这种特点。画面中，垂直线条占据了大部分区域，采用竖画幅拍摄可以使窗户的形状特征完整地呈现，也使照片有种向上伸展的感觉。

拍摄参数
光圈：F4.0　焦距：25mm
快门速度：1/70s
ISO：400　矩阵测光

广角镜头让视角更为广阔,保证建筑物完整呈现。

多种对比使画面具有强烈的视觉冲击力

画面中,高大的石柱和较小的游客形成大小对比,明亮的圣殿光线和阴暗的走廊形成明暗对比,门廊的曲线和筑体的垂直线条形成对比,让画面看起来丰富饱满,具有看点并耐人寻味。走廊石柱的线条排列加强了画面的纵深感。

拍摄参数
光圈:F4.0 焦距:30mm
快门速度:1/70s
ISO:400 矩阵测光

暗部区域构成框架式构图

框架式构图在教堂的拍摄中使用得十分频繁,这既和教堂本身的建筑特色有关,也取决于照片中明暗部分的位置。因此在对想要拍摄的场景进行构图时,就要注意在亮部中出现的各种物体,因为人的视线会不自觉地被亮部区域吸引,出现在亮部的任何物体都可能对主体的表现形成干扰。

丰富的线条让画面更具形式感

在表现教堂的明暗关系时,将暗部区域完全压黑,形成剪影效果是常用的拍摄方法之一。但在利用剪影形成框架式构图时,拍摄者需要合理控制画面中的暗部比例,也就是框架的"宽度",太多的暗部往往会给人压抑、封闭的感受。对于画面亮部也要有合理的色彩搭配,不能一味强调光线,让画面显得呆板单调。

3. 捕捉人物活动渲染教堂氛围

在任何一栋建筑物中，人的活动都对建筑本身起着巨大的影响，在教堂这样具有宗教意味的建筑中更是如此。在这座教堂中，虽然我们没有遇到做礼拜时的盛大场面，但还是从来自世界各地的游客身上感受到了宗教文化的气息。在这样神圣静谧的氛围中，每个人都变得安详宁静，而作为拍摄者，同样应该在画面中营造出这样的氛围，将现场的气氛传达给观者。

人物的虚实变化增加画面的深邃感。

> **对建筑物测光，保证曝光准确**
> 拍摄者选取教堂中较为明亮的部分作为曝光依据，对建筑物本体进行清晰展现，让人物呈现剪影效果，让画面显得既生动又不乏真实感。柔和的光线渲染了教堂庄严而又神秘的氛围。

拍摄参数
光圈：F4.0　焦距：200mm
快门速度：1/100s
ISO：200　矩阵测光

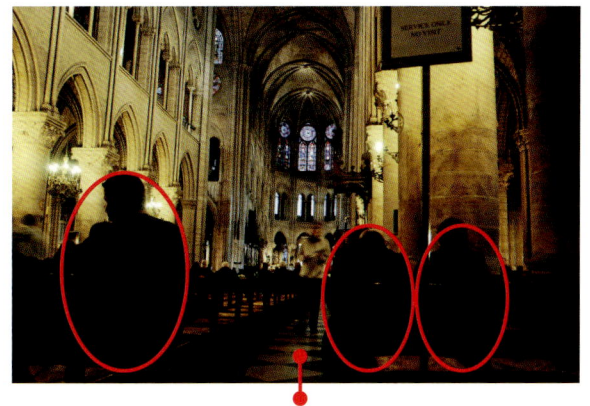

将人影纳入画面不仅为建筑物增添了人文气息，也平衡了画面的明暗影分布。明亮的上半部分和厚重的下半部分过渡自然，具有真实感。

4. 独特角度刻画教堂精致细节

拍摄教堂不仅要表现建筑物的整体形态和人物活动，具有特色的建筑细节也是有趣的拍摄主题。教堂中的细节繁多，在拍摄前应该进行正确的选择，以尽量简洁的手法拍出教堂特色。在拍摄手法上，仍然可以使用大光圈和对比手法，让主体鲜明突出。

顺光让雕塑的形象更突出。

长焦镜头拉近拍摄主体

教堂中有许多大型雕塑，如果想拍摄雕塑的细节部分就需要使用长焦镜头拉近拍摄距离，加大主体在画面中所占的比例。图中的十字架离镜头大概有8米左右，但通过长焦镜头，看起来像距离拍摄者只有2米的距离。明亮的光线使之产生清晰的阴影，让雕像本身的美感更强，立体感也更加突出。即使背景中有一些其他物体无法回避，也没有影响主体的展现。

拍摄参数
光圈：F4.0　焦距：70mm
快门速度：1/160s
ISO：200　矩阵测光

富有特色的图案让画面给观者留下深刻的印象。

让被摄主体充满镜头，使之成为抽象的图案

图中的围栏在教堂中是十分常见的，也是比较具有代表性的拍摄对象。拍摄者注意到了背景中富有戏剧性的光线，选择长焦镜头拉近拍摄主体，让围栏装饰充满画面，使之成为画面中具有抽象感的图案。同时，使用大光圈对背景中的细节进行一定程度的虚化，形成有趣的明暗对比。

捕捉多变的色彩

拍摄者采用了十分简单的方式拍摄教堂中的玻璃窗。在暗色的环境中，明亮并富有层次变化的蓝色花纹立刻抓住了观者的注意力，使其忽略了黑色部分的沉重感。玻璃窗下方隐约的单色玻璃和主体形成呼应，让画面更显饱满。

丰富的色彩层次调和了画面中黑色部分所产生的压抑感。

拍摄参数
光圈：F2.8　焦距：16mm
快门速度：1/60s
ISO：100　矩阵测光

PART 4 城市建筑与夜景暗光摄影

摩登时代——城市建筑

城市是人们旅行途中必经的一站，许多旅游者喜欢拍摄那些建筑雄伟、外墙亮丽的"城市森林"，城市风光摄影由此诞生。色彩丰富的建筑使我们的城市变得鲜活，我们对于建筑的理解也逐渐清晰。看看世博会的中国馆，我们就会明白，建筑是文化的体现、城市的灵魂。

拍摄建筑的方便之处在于拍摄者可任意构图，选择不同的视角。由于建筑物不可移动，所以也可以将建筑摄影看作是静物摄影的一种，这个特点既有它的优点也有它的缺点。优点是，我们可以主动地、任意地选景构图，不必担心错过什么好的画面；缺点是，取景构图尤为重要，如何才能够将它拍得与众不同，这是对拍摄者最大的挑战，毕竟不止你一人拍摄它。在众多的摄影作品中，如何才能使自己的照片脱颖而出呢？下面就来看看建筑拍摄的方法和技巧。

基本拍摄计划

- 拍摄不同角度的建筑特写
- 拍摄城市建筑中的生活景象
- 拍摄城市建筑全景

BEST PLAN

实战操作步骤

1. 选择不同角度展现建筑特色

拍摄城市建筑，无论拍摄单个建筑还是群体建筑，为了找到最佳的摄影视点，拍摄者都要事先全方位地观察所拍建筑周边环境，锁定一两个具有代表性的角度，或能表现所拍建筑独特魅力和个性的视点来进行重点拍摄。

选好拍摄角度对取景构图尤为重要，拍摄角度应有利于表现建筑的空间、层次和环境。空间是建筑的主体，层次是表现空间的变化和深度，而环境则不仅可以衬托建筑，更可以创造一种气氛，因为环境本身就是建筑摄影中一个不可缺少的组成部分。

仰拍时尤其要注意天空颜色与建筑物色彩的搭配。

仰拍以获得戏剧性的建筑效果

一般情况下，在取景时需尽量站在高处，以减少建筑物的变形，而有的时候我们可以有意识地使用广角镜头靠近建筑物仰拍，使其产生变形，艺术地夸张所表现的现代建筑的戏剧性效果。以标准焦距为基准，焦距越长，建筑物变形减少，透视感越差；镜头焦距越短（28mm 或者16mm），建筑物变形越大，但透视效果好，故而戏剧性效果越强烈。

拍摄参数
光圈：F8.0　焦距：18mm
快门速度：1/125s
ISO：200　矩阵测光

长焦仰拍出的建筑物虽然减弱了立体感，但获得了平面化的滑稽感

PART 4 **城市建筑与夜景暗光摄影**

选择拍摄建筑的局部比拍摄整体更有创意。

拍摄参数
光圈：F11.0　焦距：18mm
快门速度：1/125s
ISO：100　矩阵测光

简洁的拍摄环境

我们拍摄出的照片要将建筑物最美的一面表现出来，所以要避开一些与建筑无关的场景或细节。但这并不是绝对的，有时为了突出主题，也会故意纳入其他建筑或场景作为陪衬。

独特的拍摄视角会带给观者新颖的视觉感受。

拍摄参数
光圈：F4.0　焦距：170mm
快门速度：1/125s
ISO：200　矩阵测光

长焦镜头更容易获得建筑中的细节

如果建筑物的内外空间都很拥挤，那么广角镜头对于在画面中囊括所有的被摄物，将起到非常重要的作用。不过，建筑物的一个细节或特征往往会吸引你的注意力，使用长焦镜头会帮助你记录下它们。

正面拍摄建筑细节

想要从建筑物细节中体现出立体感，正面拍摄重复的图案是达不到效果的，选择30°或者更高的侧面角度就能获得理想的画面，而90°的正侧面会最大限度地强化建筑本身的轮廓，但可能会忽略掉表现细节上的一些信息。

2. 在城市生活中凸显建筑风格

要展现一座城市的建筑风格，单独拍摄建筑物本身显然是不够的，在城市景观中加入有趣的人文元素才会让建筑风格表现得更加充分。

拍摄建筑群中的城市景观，一定要注意画面中建筑物仍然是绝对的主体，人文元素只是增加画面趣味，起到烘托作用。在视角的选择上，也要选择对主体建筑物的展现有所帮助，并且不会形成较大视觉影响的拍摄对象，例如街头的车流人流，广告牌路标等。大小的不同、运动状态的不同，甚至色彩的不同，这些对比手法都是拍摄建筑物较为有效的手段。此外，城市中一些具有强烈指向性的标志也能在视觉上起到引导作用，而合理把握景深的展现，则可让画面的观赏性更高。另外，还要重视光线和阴影效果。

柔和的"假阴天"光线适合拍摄建筑物

俗称的"假阴天"光线，是指明亮但均匀柔和的光线效果，用它拍摄，无论是人物，风景，还是建筑都比较容易出效果，因为晴天有比较好的光线，不但可以让物体的立体感加强，还可以使物体的色彩得到较好的还原，所以在这种光线下，只要构图处理得好，那么拍出来的画面效果就不会很差。

✗ 低角度拍摄人流车流

拍摄城市中的人流车流，选择高角度拍摄比低角度更能凸显建筑的纵深感和立体感，低角度拍出的画面，大多数情况下都具有强烈的动感，运动的物体占据画面大部分，容易喧宾夺主。

活泼的城市色彩平衡了建筑物的僵硬印象。

拍摄参数
光圈：F11.0　焦距：22mm
快门速度：1/125s
ISO：100　矩阵测光

3. 多样光影氛围塑造建筑全景

户外建筑摄影的主光源是太阳，它的光照角度、亮度、色温都会随地点、季节、时间不同而变化，这些都能直接影响画面的影调和气氛，从而改变人们对建筑的感觉。能对光的特性有深层次的认识并善于利用它的变化来营造画面的影调和气氛，是摄影师必备的能力。理想的光线不但需要耐心等待，更要努力去发现并加以利用。拍摄城市建筑的一个窍门就是运用特定季节或天气条件下的光线来营造情调，这和风光摄影有异曲同工之妙——日光的变化能改变建筑物整体色彩气氛。因此，认真选择好拍摄季节和时间对画面效果有很大帮助。

城市建筑中相互的反光效果也是不错的拍摄对象。

建筑线条加强城市建筑的硬朗风格

冷色调和直线条是突出城市建筑硬朗冷酷特质的元素，此外玻璃的运用也会强化都市的现代感。在整体的冷调画面中，加入一点暖色元素就会使画面更显活泼。

暖色的灯光与冷色的建筑物呈现色彩上的对比，建筑物倒影丰富了画面层次

拍摄参数
光圈：F4.0　焦距：26mm
快门速度：1/100s
ISO：100　矩阵测光

沙滩上的光线痕迹为画面增添了一份温暖的气息。

拍摄参数
光圈：F8.0 焦距：100mm
快门速度：1/250s
ISO：自动　矩阵测光

日落时分的光线凸显建筑物轮廓

日出和日落时分是一天中天空色彩最具戏剧性变化的时刻，也是拍摄建筑逆光照的最佳时刻。在强光的照射下，高低起伏的建筑轮廓线成了视觉的中心，而建筑的空间、质感、色彩都被隐没在阴影之中。拍摄这类作品要等待建筑群的背面出现引人注目的天空，并细心观察画面的色调和云层的变化，抓住时机，捕捉精彩的瞬间。

合理的阴影布置让建筑物更加逼真

白天，在侧向绚丽的阳光照耀下，建筑物显得明亮，反差大，色彩比在亮度低的光线照射下更加鲜艳，能够突出建筑的外部特征，把建筑的三维空间真实地传递给观者。在晴朗天气的情况下拍摄建筑，要特别注意光照角度的变化而形成的阴影效果，要利用那些简洁、形状鲜明而整齐的阴影作为画面的组成部分。阳光可照亮建筑，而阴影的反差则能表现建筑的结构。

大面积的天空衬托了城市的密集印象。

拍摄参数
光圈：F11.0 焦距：28mm
快门速度：1/250s
ISO：自动　矩阵测光

夜空不寂寞——烟花

拍摄烟花是一件说起来简单，做起来难的事情。有时候连续拍摄很多张，也很难获得一两张令人满意的作品。在连续发射的上千枚礼花中，如何才能把握好时机，拍下最美丽的画面呢？

拍摄烟花和拍摄夜景相似，但却要比夜景拍摄难得多。拍摄烟花在众多拍摄题材中算是难度较高的一种，可以考验拍摄者的技术、构图与对拍摄时机的把握能力。拍摄时需要考虑到烟花绽放高度、绽放时间以及相机的光圈、快门速度和感光度的设定，同时，也要对现场的风向作出正确判断，最后，还需要拍摄者有拍摄烟花的经验，要在适当时机迅速按下快门才可以。

基本拍摄计划

- 拍摄较为简洁的烟花形态
- 拍摄烟花与街景搭配的画面
- 拍摄具有创意的烟花轨迹

BEST PLAN

实战操作步骤

1. 把握时机拍摄一朵或数朵烟花

好的构图决定了你的照片能否在众多烟花照中脱颖而出。无论是用广角还是长焦镜头拍摄，构图都应适当纳入烟花绽放的周围环境，有了建筑或其他景色衬托，烟花才会显得更为壮丽。无论是拍摄一朵还是多朵烟花，只要根据烟花的形状和所表现的主题，大胆变换横竖构图或者裁剪画面，都有助于使照片更为出色。有的相机还提供了1:1、2:3、3:4、16:9等画幅选择，可以善加运用。要记住构图有法则，但没有定则。此外，白平衡的控制非常重要，建议选择荧光灯或白炽灯白平衡，可营造出冷调或暖调感觉。烟花的颜色有很大的差别，拍摄时可以多拍摄几张对比效果，选择自己喜欢的。

放散状线条广泛用于烟花拍摄。

标准镜头更有利于烟花的构图

使用广角或者标准镜头拍摄，构图会相对简单一些，因为在拍摄时，既使构图稍微有偏差，也可以通过后期裁切的方式得到满意的画面。拍摄应该先多多观察烟花绽放的高度再按下快门，因为大多数相同种类的烟花绽放的高度是一致的。

放射状的线条排列有吸引视线的作用

拍摄参数
光圈：F6.3　焦距：50mm
快门速度：1/2s
ISO：100　　中央重点测光

多朵圆形烟花增添了画面活泼效果。

拍摄参数
光圈：F11.0　焦距：50mm
快门速度：1/6s
ISO：100　　中央重点测光

不同的焦段适用于不同的场面

由于烟花并不全部由相同的地点发射，因此需要根据烟花发射后的高度与角度来调整构图，在拍摄时，调整好之后，使用相机的广角端拍摄能够欣赏到烟花整体的美景，而使用长焦端拍摄，烟花巨大的魄力就能够被清晰地表现出来。图中的烟花，就是拍摄者耐心等待三朵烟花齐放的瞬间拍摄到的，在构图上也达到了错落有致的效果。

对拍摄地点不加选择

拍摄烟花要慎选拍摄地点，千万不要迎着风拍摄烟花，否则迎面飘过来的烟雾肯定会让你拍出来画面不清楚，对镜头也可能造成伤害。另外与烟火燃放地点远近以及烟花绽放的背景也是要考虑的因素，这需要根据你的镜头焦距、配景好坏选择以及。所以在拍摄前，应该提前根据天气情况和地理位置做好选择以及防范措施。

使用三脚架清晰记录烟花形态。

拍摄参数
光圈：F5.6 焦距：60mm
快门速度：1/3s
ISO：100 矩阵测光

长时间快门可以记录下火光的运动轨迹

长时间曝光令拍摄出来的焰火照片显得与众不同，有时还可以在一张照片中拍到不同时刻绽放的多个烟花图案。如果使用4秒的曝光时间，就有可能拍到烟花的完整运动轨迹。但手持拍摄时，使用超过4秒的曝光时间会有一定风险，因为人体很难保持那么长时间的静止。如果你有一支三脚架，那就可以试试更长的曝光时间，在一张照片中纳入更多的烟花。

2. 让烟花与街景相互辉映

烟花照片的构图不宜太满，要留出足够的空间让烟花延展，建筑物在照片中占据的面积应该较小，以突出烟花这个主体。并且建筑物最好选择有明显特征，在画面上能够有视觉延伸性的，这使整张照片有前景、中景和远景。

用一般的夜景拍摄方法很难拍到令人满意的烟花，拍摄时要同时考虑烟花绽放的高度、大小以及相机感光度、光圈、快门速度的设置，如果拍摄者缺乏经验，则很难同时把握得好。在复杂的环境中拍摄烟花考验拍摄者的技术、构图与对拍摄时机的掌握能力，因为烟花是动态的并且没有规律。举个简单的例子：同一个地点发射的两个相同品种的烟花不会在同一高度和位置绽放，甚至连大小也不一样，有随机性，这对于拍摄带有街景的烟花场面影响尤其大。美丽的烟花稍纵即逝，可能还在你手忙脚乱的时候，烟花就已经消失于夜空中，下一个不同形状、亮度的烟花又将随时绽放了，而要拍摄到烟花与街景相互辉映的场面就更为难得了。

> **广角镜头更适合拍摄烟花**
> 广角镜头的广阔视角可以记录到烟花从广场升空到完全爆裂的全过程。另外，广角镜头对相机震动的敏感度远小于长焦镜头，所以更有利于手持相机拍摄。所以，在拍摄前仔细观察一下广角镜头中的画面范围，选一处没有人群进入画面的位置拍摄。如果有三脚架，就可以试试在拍摄过程中转动变焦环，以拍到非常有视觉冲击力的效果。

大小烟花的映衬让天空和夜景一样炫丽多彩。

拍摄参数
光圈：F5.0　焦距：50mm
快门速度：1/2s
ISO：100　中央重点测光

> **细腿的三脚架更适合外出拍摄烟花**
> 想要拍摄烟花的话，没有三脚架是万万不行的。但是，如果选了一款又细又轻的三脚架，要想维持相机1秒以上绝对平稳恐怕也有些困难，而且也很容易受到按下快门时震动的影响，所以建议还是选择一款腿粗坚固的比较好。

在画面中添加环境让空白的场景立刻丰富起来

烟花的出现让平凡的夜景充满魅力。

拍摄参数
光圈：F5.0　焦距：50mm
快门速度：1s
ISO：100　　中央重点测光

大光圈让烟花和街景得到清晰展现

使用大光圈意味着有更多的光线可以通过镜头在照片上留下印记。这样做的好处是，爆裂开的烟花色彩和形态都可以完整地保留下来，而不会出现曝光不足的情况。如果使用较小的光圈，虽然对于街景和烟花的色彩表现有一定帮助，但是曝光就需要更长的时间了，这样才能保证画面中烟花与街景全部清晰。否则不仅画面中烟花本身可能会曝光不足，街道和广场的灯光也会缺少细节。

在拍摄前应该做好充分的准备让成功率更高

在拍摄烟花前，除了要准备好合适的器材之外，进行试拍，检查画面中的线条是否垂直或平行于取景器也很重要，特别是当画面中出现了夜色中的街头景象时。这是因为在使用广角镜头拍摄烟花与街景结合的画面时，背景中的元素会更为复杂，这时就应当注意建筑物或电线杆等景物时否倾斜或变形，不必要只顾着拍摄烟花。

不同的烟花色彩营造出的街景氛围也是不同的。

拍摄参数
光圈：F5.0　焦距：50mm
快门速度：1s
ISO：100　　中央重点测光

3. 多手法记录烟花在天空中的运动轨迹

在拍摄前应该仔细观察烟花的形态，以确定是选择快速快门抓拍还是使用慢速快门捕捉其运动轨迹。不过在一般情况下，拍摄烟花都采用慢速快门，并且不建议使用太高的ISO感光度，因为在夜晚黑色的背景下噪点过多会影响画质的表现。通常曝光时间控制在4秒以上，便能拍出烟火划过夜空的轨迹。另外建议采用小于F5.6的光圈进行拍摄，足够大的光圈可以保证画面充足的曝光量。尽量使用广角镜头，这样才可以确保烟花能够完整地纳入镜头，也可以拍摄出更广阔的环境场景。

拍摄局部特写让烟花呈现抽象的形态。

防止相机移动让烟花更清晰

在对烟花进行长时间曝光时，相机一定不能有丝毫移动，要将其拧紧在三脚架上或放在平稳牢固的地方。在做拨光圈、按快门等一系列动作时都要小心，此时使用快门线控制快门是个不错的选择。因为在长时间曝光时，只要机位略微有变，景物就会出现模糊和重叠现象，一幅照片就算只产生了极微小的重叠，放大时也会明显地暴露出来。在进行一次曝光时，也不要忽略这一问题，这是烟花摄影常常发生的问题。我们可以观察拍摄者拍摄的这张烟花特写，画面的重点是烟花清晰的运动轨迹，如果相机发生哪怕是非常轻微的抖动，照片的迷人之处也就消失了。

拍摄参数
光圈：F6.3　焦距：50mm
快门速度：1/2s
ISO：100　中央重点测光

把握烟花绽放的规律捕捉最佳画面。

拍摄参数
光圈：F11.0　焦距：170mm
快门速度：1/13s
ISO：800　矩阵测光

预先对焦拍摄烟花

在烟花开始燃放前，如果现场有足够的光线进行自动对焦，则拍摄者只需要对焦一次，然后切换到手动对焦模式，这样在整个拍摄过程中就都不用再考虑对焦问题了。

利用树影呈现呈现出疏密结合的效果。

拍摄参数
光圈：F11.0　焦距：170mm
快门速度：1/2s
ISO：800　矩阵测光

寻找有创意的前景让烟花更迷人

因为拍摄位置的缘故，拍摄者只能选择在树后拍摄烟花，但没想到用树作为前景反而为画面添加了含蓄温柔的感觉。不同于直接拍摄烟花的直白，这样更多了一些写意的意味。

正是华灯初上时——都市夜景

在都市繁忙的工作中，喜欢摄影的人们也许没有太多机会出去拍照。忙完一天的工作，在暮色中融入匆匆归家人流中的摄影爱好者，其实正走在城市中最具魅力的地方。看看远处，车水马龙，霓虹闪烁，各种灯光为城市增添了无尽的神秘和光彩。

拍摄城市夜景，主要表现的是夜晚的气氛。闪烁的霓虹灯，排列整齐的街灯，道路上的车灯，以及房间窗口透出的方形窗灯……五颜六色，交织成一片灯光的世界。在灯光映衬下，镜头中一切都变得分外美丽。

基本拍摄计划

BEST PLAN

- 拍摄灯光装扮下的城市夜景
- 随拍灯光迷离的城市街道
- 拍摄摄夜色中质感丰富的路面
- 拍摄慢速快门下的车流人流

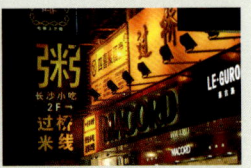

实战操作步骤

1. 高角度拍摄迷离的城市夜景

城市繁华的地段，即使是在夜间也依然光影婆娑，人潮涌动。一般来说，如果想拍摄大场面的城市夜景，首先是应选择一个制高点，鸟瞰城市，迷人的城市轮廓不仅能让你对城市风情有新的认识，绚烂的夜景也一定会让你心里感到一种令人震撼的美；这时候，再搭配上早已准备好的三脚架和快门线，利用新颖的拍摄角度和手法，一定能得到高质量的相片。另外要注意，尽量不要使用闪光灯。

三脚架和广角镜头清晰地收录整个城市夜景。

拍摄参数
光圈：F2.8　焦距：17mm
快门速度：1/6s
ISO：1100　矩阵测光

○ 广角镜头拍摄全景角度的城市夜景

想要拍摄城市的夜景全景，选择合适的拍摄地点是十分重要的。在拍摄前，应该对拍摄地点进行考察以确保拍摄可以安全、正常地进行。在拍摄夜景时，光线条件往往较差，但又需要小光圈以保证画面的清晰度，所以三脚架等支撑装置也是必要的。在拍摄时，因为场景中的光源较多，可以对不同的亮部区域进行测光后再确定最合适的曝光值，因此，需要反复测光然后确定曝光值得才能得到最佳的画面效果。

✕ 为了足够的通光量而采用大光圈

在夜间拍摄城市全景时，不可以为了减少曝光时间而开大光圈，大光圈很可能会造成画面局部清晰、周围模糊的效果，并且焦点的略微移动也会影响照片的清晰度。所以建议光圈至少应采用F5.6以上的数值，最好应该是F8到F11，画面中的城市夜景才都能清晰展现。

2. 低角度对焦灯光下的城市路面

夜景中的路面是城市夜景摄影中比较有创意的拍摄题材，白天看似普通的路面在夜晚灯光的照映下有了不一样的视觉感受，低角度对路面进行拍摄，往往能获得具有冲击力的画面效果。

在雨天的夜晚拍摄街景，可以拍到独特的效果。柏油路面上浅浅的积水，会使路面显得十分光滑，整个路面像池水一样，能够将街头灯光倒映出来，使画面中的内容更加丰富，别具一种情调。拍摄这类照片，可以在雨停不久，路面仍是湿润时进行，能得到较好的效果。

延伸的景物线条让视线向画面中心聚集。

将相机放置在路面上获得不同寻常的视觉效果

拍摄者拍摄桥梁上的路面，将相机直接放置于路面上，低角度拍摄具有纵深感的桥梁线条，将观者的视线往画面中心汇集，让占据了画面一半的路面看起来更加真实，使画面更具视觉冲击力。画面中心出现的人物适当地平衡了画面，让照片看起来更有趣味。

拍摄参数
光圈：F3.5　焦距：18mm
快门速度：1/2s
ISO：200　矩阵测光

晃动的身影增添了生动活泼的感觉。

拍摄参数
光圈：F2.8　焦距：17mm
快门速度：1/120s
ISO：800　矩阵测光

动静结合拍摄道路景象

拍摄者注意到路面上显眼的标志和色彩，在拍摄同时纳入一个过街的人影增添画面的生活气息，富有动感的人物影像也为静态的场景增加了更多观赏性和趣味点。暖色调的色彩氛围让夜晚的感觉更强烈。

路面的反光成为画面中的兴趣点。

拍摄参数
光圈：F3.5　焦距：6mm
快门速度：1/8s
ISO：400　矩阵测光

利用反光拍摄湿润的路面凸显层次

在夜色中拍摄雨后的路面，水迹形成有趣的反光效果，凸显出路面细微的高低层次。黄色调的灯光让层次显得更加明显，在观者心中营造温暖、柔和、放松的画面氛围。

3. 随性拍摄夜色氛围中的街头景象

随性地拍摄夜晚中的街头景象是很有趣的，在街头，永远有多种多样的主体可以让拍摄者选择，它可以是店铺的招牌、城市灯光装饰、独具个性的路灯或者来来往往的汽车，在弱光的环境中，明亮的光线总是具有独特的吸引力。随拍的方式和抓拍类似，但因为是夜晚，所以快门速度可能会有所放慢，所以最好将ISO感光度调高。拍摄时需要对画面元素合理组合，不能一味地强调主体的清晰，在这种环境中使用慢速快门拍摄出的画面会有独特的视觉效果。

缤纷的光线效果是画面中的亮点。

圆形的灯光让画面显得活泼，具有动感

拍摄者拍摄街边等客的出租车，狭小的弄堂让灯光效果十分集中，渲染出浓浓的电影情节感。各种灯光构成圆形或者类似圆形的构图元素以及橙色、黄色的色彩让画面更加活泼鲜艳。

在复杂的环境中选择简单的取景角度

随拍夜景时，往往都会遇到复杂的场景环境，在复杂的环境中就需要选择简单的取景角度来突出主体。拍摄者选择汽车作为主体，延伸的街道为背景，并加以灯光的装饰，让画面场景有闹中取静的感觉。

拍摄参数
光圈：F4.0　焦距：21mm
快门速度：1/45s
ISO：800　矩阵测光

在灯光照射下,即使是平常的场景也有不一样的气氛。

利用景物具有方向感的线条增加夜晚的神秘感

在夜晚时分,许多白天熙熙攘攘的街道都会变得冷清起来,但也藉由这个契机可以拍摄出与白天氛围截然不同的画面。这条具有欧洲建筑特色的步行长廊在白天传达给观者纯洁、庄重的感觉,夜晚在灯光的装扮下有一种神秘、迷离的气息。许多的建筑细节在夜色的掩盖下被隐去,但这更能凸显出其结构上的特色,另外,强烈的纵深感也让画面更加立体。

拍摄参数
光圈:F4.0　焦距:19mm
快门速度:1/60s
ISO:1100　矩阵测光

汇聚式的线条构图有引导视线的作用

不同于平时拍摄走廊的构图,拍摄者选择了较侧的拍摄角度,于是走廊的建筑线条出现了长短的对比,让画面更加有趣。建筑上的线条呈现汇聚式,既能吸引观者的视觉停留在画面,又能显现走廊尽头神秘气息。

✗ 采用自动白平衡拍摄夜景场景

城市夜景由于五彩斑斓的灯光而显得魅力无穷,白平衡的设置在拍摄时起着至关重要的作用,这时如果使用相机的自动白平衡功能,拍出的照片色彩便不会那么自然真实了。因此,常规情况下,为使画面获得暖色调效果,最好把白平衡设定在"日光"模式。

汇聚的线条引导视线的延伸

4. 慢速快门拍摄车流人影的特殊效果

无论是哪座城市，在夜色中最有特点的便是车流划过街道的绚丽轨迹。拍摄彩线般的车流，我们完全可以利用相机的长时间曝光功能来完成。不过并不是曝光时间越长越好，拍摄时间而是要依据汽车的速度、流量、灯光强度和环境光线等诸多因素来决定。有时候在长时间曝光过程中，画面中会突然出现车流过多或部分区域光比过大的情况，此时，在镜头前进行适量的遮挡是完全有必要的。

另外，利用同样的原理拍摄夜色中人影绰绰的画面也是增加照片氛围的好方法，移动的人影和静止建筑物形成对比会增加更多的趣味点。

人物的身影让画面元素更丰富。

虚实结合为照片增加更多趣味

慢速快门制造出虚化人影效果

拍拍摄者在拍摄这栋夜景中的建筑物时，等待着有人从镜头前经过的时候才按下快门。这样，经过的人就在画面中形成模糊的影子，填充了画面下方的空白区域，让场景看起来更加真实。另外，虚实结合的对比手法也使画面更有趣味。

拍摄参数
光圈：F3.5　焦距：18mm
快门速度：1/3s
ISO：100　矩阵测光

拍摄车辆运动轨迹也可以拍下车影。

拍摄参数
光圈：F3.5　焦距：18mm
快门速度：1/3s
ISO：100　矩阵测光

拍摄车流要注意画面中的空间疏密

拍摄马路上的车流时，往往有两个方向的车流同时运动，通常会形成对称式构图。但因为夜景本身是具有活泼动感的画面，拍摄时应该合理安排画面元素，最好能打破这种对称式构图的呆板匀称，增加一些画面变化。如上图中，车影集中于右边，左边留下空间，使画面疏密得当。

采用弧形线条和圆形灯光让车流更加美丽

立交桥上的车流运动轨迹本身就具有了一定的形态，是弧形线条状的，但是单纯拍摄车流，画面容易显得单调，所以需要纳入背景中的建筑物、路灯增加画面的层次。线条和点状元素的相互搭配，让照片看起来优美与跳跃感兼具，具有多样化的审美观感。

流畅的线条让光线轨迹优雅柔美。

拍摄参数
光圈：F3.5　焦距：35mm
快门速度：1/3s
ISO：100　矩阵测光

PART 4 城市建筑与夜景暗光摄影

拍摄总结
城市建筑与夜景弱光摄影

区别不同的拍摄视角

选择拍摄视角，也就是选择拍摄方向和角度的高低，要考虑到诸多因素，比如说被摄对象的特征，主体与背景的相互关系等。随着所处位置的不同，被摄对象的轮廓形状会有很大的变化，画面的结构会出现明显的差异，被摄主体与前景、背景关系也有了改变。一张高水准的照片，常常依赖于恰当的拍摄视角。

正常拍摄

是指与拍摄对象成正面角度的位置拍摄，主要表现拍摄对象正面的特点。正面角度的构图由于拍摄对象往往处于画面的正中心位置，故常是对称的结构形式，一般说来正面拍摄出画面比较端庄、稳重。

拍摄参数
光圈：F4.0　焦距：18mm
快门速度：1/60s
ISO：200　矩阵测光

斜侧面拍摄

是指正面与侧面之间的角度拍摄。拍摄时，可在正、侧角度范围内选择适当的拍摄位置，既能表现拍摄对象正面或侧面的形象特征，又能使其具有丰富多样的变化。

拍摄参数
光圈：F9.0　焦距：18mm
快门速度：1/125s
ISO：200　矩阵测光

侧面拍摄

一般是指与拍摄对象成正侧角度的位置拍摄，主要表现某些拍摄对象的侧面的特点。在现实生活中，有许多物体是只有从侧面才能看清它的结构的，例如汽车。侧面角度拍摄较正面角度拍摄有更大的灵活性。

拍摄参数
光圈：F8.0　焦距：80mm
快门速度：1/80s
ISO：200　矩阵测光

■ 背面拍摄

　　背面有时候是最能抒发情感的拍摄角度，这时，画面中的建筑物只是陪衬，通过对整体环境的描绘来体现拍摄者的某种情感。背面的逆光拍摄是一种常用方法，适当地控制光圈和快门速度，让建筑物的轮廓在逆光中呈现剪影效果。

拍摄参数
光圈：F13.0　焦距：58mm
快门速度：1/64s
ISO：250　矩阵测光

■ 平视拍摄

　　是指镜头与拍摄对象处于同一水平线上进行拍摄，这样拍出的画面视觉效果与日常生活中人眼看到的相似。平视拍摄的画面给人视觉感受是结构稳定，主体形态正常场景和谐。

拍摄参数
光圈：F9.0　焦距：35mm
快门速度：1/100s
ISO：200　矩阵测光

■ 仰角拍摄

　　仰视一个目标，不管这个目标是人还是景物，观者都会觉得这个目标显得特别高大。如果想使拍摄者的形象显得高大一些，就可以降低照相机的拍摄角度倾斜向上拍摄。用这种方法拍摄，既可以凸显主体形象，又可使其显得雄伟高大。

拍摄参数
光圈：F3.0　焦距：18mm
快门速度：1/8s
ISO：自动　矩阵测光

■ 俯角拍摄

　　是指相机所处的位置高于被摄体，镜头偏向下方拍摄。俯角拍摄可以用于拍摄大场面，如街景、球赛等。同样，如果使用广角镜头，则更容易表现出场景的层次感和纵深感。

拍摄参数
光圈：F9.0　焦距：24mm
快门速度：1/200s
ISO：200　矩阵测光

感光度对画面的影响

在胶片时代，感光度是反应胶片银盐感光速度的一个系数，而在数码时代，感光度是一种类似于胶卷感光能力的一种指标。实际上，数码相机是通过调整感光元件的灵敏度或者合并感光点来改变ISO感光度。而随着ISO感光度的增减，对曝光时间和画质有一定的影响。

■ ISO感光度对曝光量的影响

目前市面上的数码单反相机ISO感光度值可达到6400，有的甚至可以达到12800及25600。高ISO感光度的好处是可以让拍摄者在不改变光圈、快门的情况上直接改变ISO感光度便可以得到曝光量充足的图像。

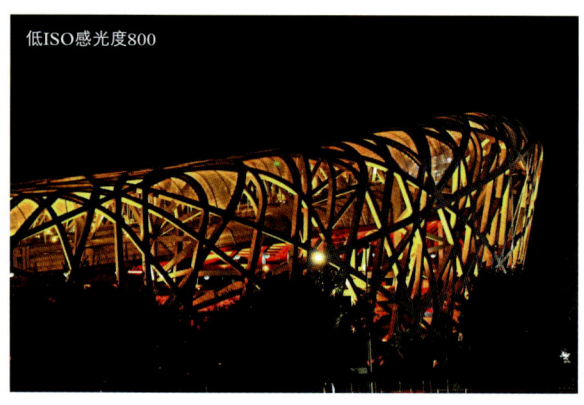
低ISO感光度800

高ISO感光度1600

■ ISO 感光度对画质的影响

感光度的提升虽然带来了曝光量的提升，但必定会使画质受损。对于目前市面上的普通数码单反相机而言，ISO感光度超过400，画面就会出现噪点。在开启了高感降噪功能之后，APS-C画幅相机在ISO 800时，拍出的画面没有任何问题，并且在ISO 1600时画面效果也不错。而对于对于全画幅相机而言，即使是ISO 3200下的画质也很好。不过，要注意的是，在高感光度的设置下拍摄的同时，开启相机的降噪功能是很有必要的。

高低感光度下的图像画质对比：

ISO感光度	低ISO感光度	高ISO感光度
图像锐利度	锐利	模糊
色彩饱和度	高	低
噪点表现	少	多
偏色现象	轻微	严重
灰阶层次	平顺	平顺
照片放大品质	优	劣

> **TIPS**
> 在使用不同感光度拍摄照片时，拍摄者直接通过电脑查看图像可能不会察觉到很大的区别；不过将图像放大之后，就会发现这些噪点带来的困扰。特别是在夜间或是光线极弱的环境下，通过提高ISO感光度所获得的图像质量会明显下降。

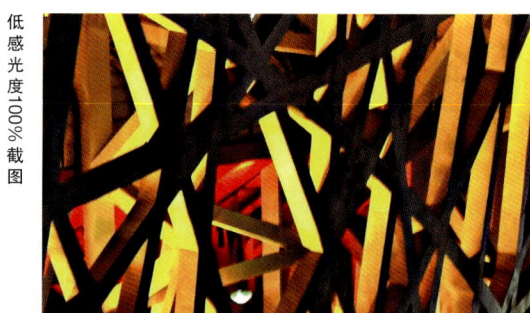
低感光度100%截图

高感光度100%截图

高调、低调与黑白画面效果

高调和低调都是摄影中对照片影调描述的术语，影调是黑白摄影的造型手段和技术概念，但它不仅仅限于黑白摄影，彩色照片也可以用影调来描述。不同的影调有其不同的感情色彩，只有与具体的形象结合，才能赋予作品鲜明、生动的感染力。

■ 低调画面

低调的作品有时让人感到坚毅、稳定、沉着、充满动力，有时又会有黑暗、沉重、压抑的感觉。低调表现的感情色彩比高调更强烈。低调作品通常采用侧光和逆光摄影，使物体和人像产生大量的阴影及少量的受光面，这样会有明显的体积感，重量感和反差效应。

■ 高调画面

高调给人以光明、纯洁、轻松、明快的感觉，比较适合表现妇女、儿童的形象或者风光照片中的恬静和商品摄影中的素雅洁净的感觉。高调摄影一般采用较为柔和的、均匀的、明亮的顺光。有时会觉得它空虚、肃穆、素淡、哀怨，有时又会觉得如同轻音乐、抒情诗一般轻柔，根据拍摄主体的不同，传达给人们的感情色彩也会不同。

■ 黑白画面

黑白摄影中，任何色彩都被抽象成黑、白和灰三种色调，影调之于黑白摄影，犹如音调之于音乐。影调具有强烈的情感表现力，黑白摄影作品的明亮或低沉、粗犷或细腻、轻快或压抑，往往就是画面的影调效果所致。在影调控制中，学会想象是最为重要的。对影调的表现，还需采取必要的技术手段，如光线的选择、有意的曝光过度或不足，以及运用滤光镜等都可起到调节影调的作用。

相对于彩色的画面，黑白影像更能传递出建筑物的力量和抽象感

> **TIPS**
> 获得黑白影像的常用方法
> - 采用单反相机中的单色模式拍摄
> - 通过在镜头前添加合适的滤镜拍摄黑白画面
> - 对已经拍摄成功的彩色影像通过后期处理转化为黑白画面

结合快门线与三脚架完成暗光摄影

很多情况下，快门线与三脚架是一起使用的，但通常情况是将相机架设在三脚架上，在直接用手指按下快门按钮无法获得清晰的画面效果之后，才会使用快门线减少因按下按钮的导致机震的情况发生。

合理选择快门线和三脚架

拍摄不同的题材所使用的附件也会有所不同，因而针对城市建筑与夜景摄影，拍摄者在选择快门线和三脚架需要注意以下一些问题。对于不同题材的拍摄所使用的附件会有所不同，因而针对城市建筑与暗光夜景摄影，拍摄者在选择快门线和三脚架时，通常要先了解快门线的不同类型，以及三脚架、云台的结构造型和正确使用方法，因此需要注意以下一些问题。

快门线与遥控器

快门线与遥控器是结合三脚架长时间曝光最常用的一种快门释放工具。

（1）快门线

对于数码单反相机而言，几乎所有品牌的数码单反相机都可以使用电子快门线。但不同品牌或同一品牌不同型号的相机电子快门线的接口可能有一定的差异。所以需要确定自己所使用相机的快门线接口，以便选购时出现不必要的麻烦。

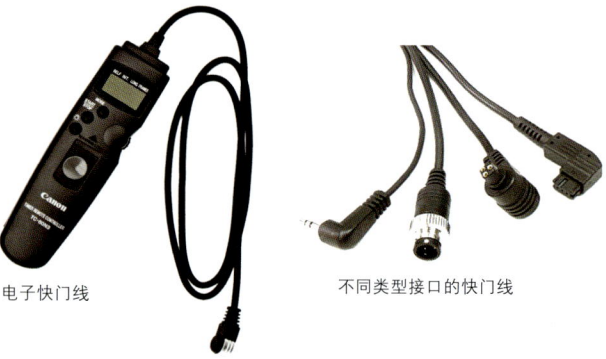

电子快门线　　　　　　不同类型接口的快门线

（2）遥控器

而遥控器可以更方便地使相机快门得到释放，分为无线电遥控器和红外线遥控器两种。无线电遥控器，没有方向性，有效距离可达几百米。但为了避免其他电波的干扰，需要选择具有多频道选择的遥控器。红外线遥控器，具有方向性，若没有对准相机上的接收器，或是接收器受到强光的照射，可能都会导致快门无法释放，有效距离在10米以内。

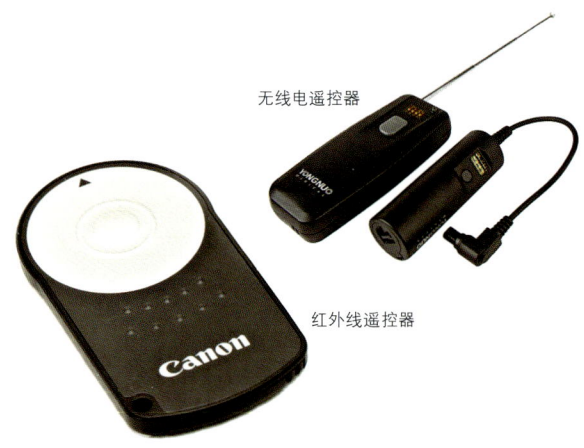

无线电遥控器

红外线遥控器

三脚架与云台

三脚架与云台是支撑相机及镜头的重要工具，提供了因而对于其的选购与使用都需要引起注意。

（1）三脚架

三脚架是长时间曝光拍摄时的重要工具。无论是专业摄影师还是业余爱好者都不应该忽视它，它的主要作用就是稳定相机，以达到某些拍摄效果。右图是一款比较常见的三角架，这里对其不同组成部分分别进行讲解，以便大家能更好地熟悉其功能特点。

中心柱升降控制钮：控制中柱的上下移动，以便获得适合的拍摄高度。

脚管：脚管是支撑脚架的重要组成部分，市面上主要流行的有强化塑料、不锈钢、合金及碳纤维等材质。

中心台座：控制三只脚管的开合角度及固定，并连接中柱。

中心柱：套于中心台座中，便于快速升高脚架位置。

脚管锁定系统：锁定伸缩后的脚管。

重力平衡挂钩：通过悬挂重物增强脚架的稳定性。

脚垫/脚钉防滑系统：平稳的支撑脚架重量防止脚架打滑、倾倒。

三脚架

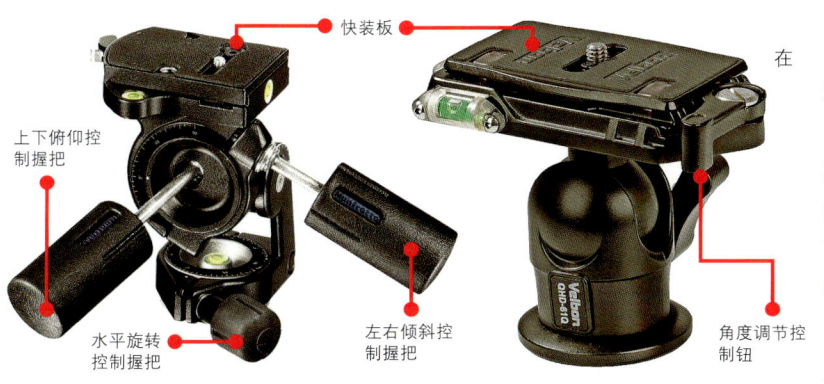

三维云台　　　　　　　　球形云台

（2）云台

常见的云台分为三维云台和球形云台。

三维云台又称三向云台，其得名是与其可以做三个方向上的角度调整而来。较球形云台而言，三维云台更容易进行水平及垂直拍摄角度的准确定位。

球形云台又称万向云台，因为它只用通过角度调节钮控制中心球体，便可进行多角度的细微调整。但也正是由于其角度的自由调整方式，对刚接触这类云台的拍摄者而言，在使用上会有一定的难度。

TIPS

由于各个厂家设计不同，可能在市面上常见的三维云台可能与上图所示不完全相同，如果是只有两个握把那它就是一个简易版的三维云台。右上图的球形云台便是简易版的，在市面上球形云台也可能会增加微调旋钮和握把。

■ 其他可能需要的附件

在夜间拍摄时，我们还需要携带一支手电，以便在夜间对脚架及快门线的进行调整，还可以避免附件遗失难以寻找。

手电

■ 正确使用快门线与三脚架所获得的画面效果

在夜间长时间曝光时，使用三脚架和快门线，必定会得到更好得画面效果。这两种附件缺一不可，因为如果只使用三脚架，也有可能避免不了相机震动。

正确的使用三脚架和快门所获得的图像效果

放大到100%的截图画面仍然清晰

未使用三脚架和快门所获得的图像效果

放大到100%的截图会发现机震引起的画面模糊

PART 5 纪实摄影

- 魅影传奇——舞台
- 拼搏,就为这一次——运动
- 甜蜜时刻——婚礼跟拍
- 小想法,大道理——观念
- 流光掠影——街拍

魅影传奇——舞台

极具表现张力的舞台,是十分有挑战力的被摄对象之一,舞台摄影也早已为人们所熟悉。真正舞台摄影的精髓不仅是忠实记录舞台上发生的每个场景,而是在照片中能够融入拍摄者的创作意图。

从表面上看,舞台摄影与其他摄影门类,如人像摄影、风光摄影等相比,基本的拍摄要求和艺术处理手法似乎没有什么不同,但仔细分析起来,还是有很多区别的。舞台摄影也有很多自己的学问。

基本拍摄计划

- 拍摄不同光线色彩下的舞台人物
- 拍摄舞台上常见的动态场面
- 拍摄丰富多变的舞台背景
- 拍摄多样化的人物服饰

BEST PLAN

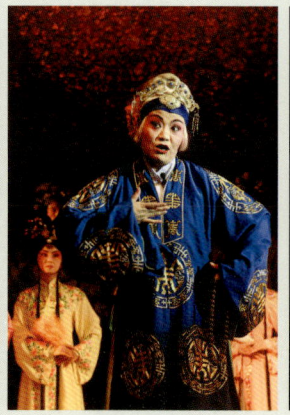

实战操作步骤

1. 把握变幻的舞台灯光，塑造人物形象

演出时，常常会因为表演的需要，用不同色彩的光线渲染不同的气氛。所以拍摄环境中，不仅光线色彩变化多端，而且时明时暗，十分难以捕捉合适的画面。由于与拍摄对象距离太远，开启闪光灯不但对拍摄舞台表演并没有帮助，反而会引起不合谐的舞台反光，令照片一片灰白。因此我们要多观摩优秀的舞台摄影作品，掌握利用现场光线达到曝光准确的技巧，其中最大的难点就是能够抓住现场光线，把握好拍摄时机，如果能掌握这个方法，即使是在弱光环境中也能获得清晰影像。

冷色光多用于塑造反面角色。

侧面光线更利于塑造人物立体感

利用舞台灯光展现人物性格

图中的演员扮演的是剧中性格阴郁的反派人物，在人物刚登场时有一段灯光多变的表演，拍摄者选择在蓝色冷色光投射在演员身上时进行拍摄，这样，既利用强烈的舞台光线保证了正确的曝光，又利用光线的色彩对人物性格进行了隐形描述。

拍摄参数
光圈：F5.6　焦距：131mm
快门速度：1/250s
ISO：400　局部测光

把握表演过程中的特殊光线塑造人物

光线的色彩分为暖色和冷色两类。色彩的恰当运用可以使舞台摄影呈现出丰富并个性的视觉效果。不同色彩的光线对人物形象的表现，环境气氛的渲染，思想情感的表达都有重要的意义。不同入射方向、强度的光线，会在画面形成不同的影调配置，具有不同的表现力。图中人物身上的红色光就是在表演高潮时出现的，烘托出人物强烈的情感。

暖调的光线常常会和舞台表演中的高潮情节搭配。

拍摄参数
光圈：F7.1　焦距：250mm
快门速度：1/250s
ISO：400　局部测光

利用光线的明暗关系表现人物的主次关系

舞台摄影是一个包含了舞台表演与表演信息的拍摄种类，在表演过程中，光线信息对于塑造人物和描述情节有着很重要的作用，因此拍摄者在拍摄时，更要合理利用各种舞台元素传达表演中的信息。例如右图中，明亮的直射光投影在男主角身上，让明亮鲜艳的服饰更加突出，背对镜头的男主角也更具神秘感；而配角虽然正对镜头，有一定的细节表现，但是其身处暗处，所以重要性明显不如主角。

利用光线的明暗关系可以表现出人物主次。

拍摄参数
光圈：F5.6　焦距：131mm
快门速度：1/100s
ISO：400　局部测光

2. 利用慢速快门为表演添加动态趣味

在拍摄舞台场景时，拍摄者常常思索如何运用"动"与"静"去创作富有新意的作品。处理好"动"与"静"，也就是处理好画面的"虚"与"实"，这不仅能确切表现舞台气氛，还能进一步为作品渲染出特定的意境，加强表现力和感染力，从而起到深化主题的作用。尤其是在舞蹈摄影中，不应满足于用高速把对象"凝固"下来。追随摄影、慢速快门、推拉镜头、摇摆相机等技法都可使背景或前景形成流动的线条，使主体成为虚影，营造出梦幻的瞬间效果。

合适的快门速度抓拍精彩场景

尽量使用快门优先或者光圈优先模式拍摄。舞台摄影主要靠抓拍，拍摄者很少有时间去思考构图和快门、光圈值，为了不错过时机，碰到有感觉的场景可连续多拍几张，增加拍到好作品的几率。在快门的选择上不一定要采用高速快门，中速甚至慢速快门也能获得极具创意的动态画面效果。

掌握恰当的曝光时间让动态表演的画面更加生动。

拍摄参数
光圈：F5.0　焦距：190mm
快门速度：1/50s
ISO：400　　中央重点测光

较慢的快门速度能捕捉到演员翻滚时的运动轨迹

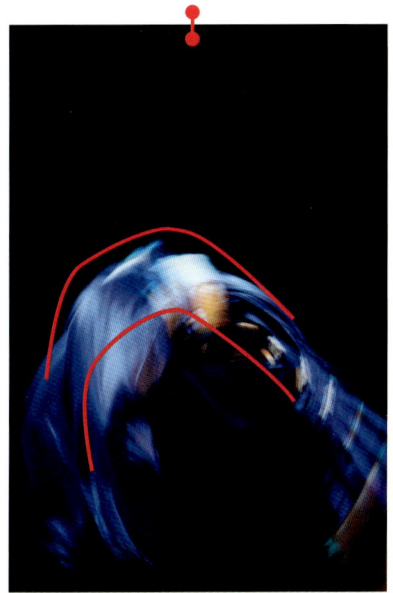

✗ 在舞台摄影中对拍摄距离不加选择

在拍摄舞台影像时，所处的摄影位置距离舞台的中心太远或太偏都是不合适的。由于光的亮度会随着距离的增加而衰减，所以同样的舞台场景，使用相同的光圈，距离舞台越远，所需要的曝光时间越长。理论上说，最合适的拍摄位置是剧场正厅的第3～10排，并且和舞台中心成120°夹角的区域内。

利用服装为动态动作增加些许飘逸的感觉。

拍摄参数
光圈：F4.0　焦距：60mm
快门速度：1/60s
ISO：400　中央重点测光

注意演员动作的节奏感

在很多情况下，当演员完成一个静止动作后，会有一个轻快的动作出现，如衣带飘起走圆场的开始和停顿的瞬间，武生、武旦旋转动作的瞬间都十分精彩。戏曲表演中有些场面还善于用重复动作增强美感，有经验的摄影师会不失时机的把握这一机会。戏曲中演员的文、武、善、恶和哭笑都有一套程式化动作，了解剧情并仔细观察演员表演的流程也能捕捉到精彩瞬间。

3. 选择不同的舞台背景增强人物表现力

对于舞台上的背景布置，必须从摄影构图的角度重新取舍画面，合理安排背景，变立体的舞台艺术为平面的摄影艺术。在构图时应注意画面的均衡和对背景处理，拍摄中要有目的地选择背景，重视背景对主体的烘托作用。背景的选择，一是要力求简洁，二是要有色调对比，使主体具有立体感、空间感以及清晰的轮廓线条以强调视觉上的感染力。

把握易于拍摄的背景烘托人物

这张照片中的背景是舞台表演中常见的场景，但拍摄者常常忽视背景的作用。演员坐在椅子上，拍摄者选用背景中一块颜色鲜艳的背景布来烘托他，使画面更具有尖锐、强烈、冲突的意味，和剧情相呼应。

背景中的直线线条加强人物专制强硬的性格印象。

若隐若现的人物影像丰富画面背景。

拍摄参数
光圈：F5.6　焦距：163mm
快门速度：1/200s
ISO：800　点测光

大光圈更适合主体人物的展现

在舞台上人物众多，若将背景全部清晰地摄入画面，势必会影响到画面的整体效果。而使用大光圈来控制景深，就可以将背景虚化。虚化后的背景更加突出了前面的主体，而背景虚化后的效果更有一种朦胧的美感。这样，不仅让画面更具空间感，也更会凸显出主体人物。

较偏的拍摄角度更适合展现人物

舞台摄影在大多数情况下还是以拍摄人物为主，从侧面角度拍摄会获得人物形态更丰富的照片，通常我们选择正面侧30°～60°的角度进行拍摄。并且在表演的过程中，演员正面的光线强度一般都较大，画面中会形成主体和背景光比反差较大的情况，而侧面拍摄便可以得到较为合理的光比。

善加运用陪体人物可以使主体更加突出。

拍摄参数
光圈：F7.1　焦距：131mm
快门速度：1/200s
ISO：800　点测光

4. 准确测光表现独具特色的服饰

有人说，因为舞台灯光情况复杂，所以使用点测光曝光比较准确。这样的说法是片面的，中央重点测光和点测光没有优劣之分，要根据实际情况灵活运用，即便是点测光，如果测光区域恰好落在白色的服装或者黑色的背景上，也会产生完全错误的曝光值，必须根据"白加黑减"的原则进行增减。如果舞台照明情况比较稳定，最好使用手动模式对快门、光圈分别进行设定，这样的曝光值会比使用相机自动测光计算出的更为准确。如果相机的功能可以支持的话，使用中央重点测光也是可行的，但应该根据实际情况作曝光补偿。具体的补偿值应根据主体的颜色、背景与主体的光比及在画面中的大小比例，及舞台气氛等各方面因素所决定。

斜侧方向拍摄展了示女性角色的服饰和头饰特点。

拍摄参数
光圈：F5.6　焦距：90mm
快门速度：1/200s
ISO：400　中央重点测光

◯ 根据人物的服饰特点选择焦距

在舞台表演时，人物的服饰是区别人物角色的重要标志。根据不同的服装特点应该选择不同的焦距来展现，有些角色的重点是在面部，我们就应该拍摄半身像，而有些角色的重点在服饰上，就可以选择全身像展现整体气质。

✕ 使用手动白平衡拍摄舞台场景

相机的自动白平衡并不适用于所有的拍摄，但却是很多舞台拍摄场合下最好的选择，因为舞台上的灯光变幻莫测，每种光的色温又都不一样，所以现场手动设置白平衡会非常麻烦。不过如果一定要使用手动白平衡，那么可以把色温值设定为舞台灯光上常用的3300K。

封闭式构图不仅符合中国戏剧的传统形象，也充分突出主体形象

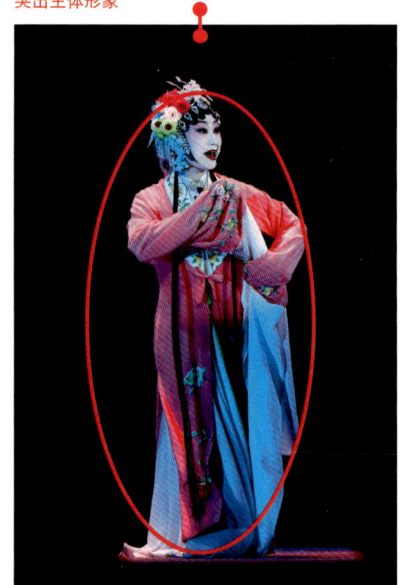

把握音乐节奏寻找拍摄时机

在舞台戏剧表演的过程中，或轻或重的乐器敲击声是营造舞台气氛、推动情节发展的重要部分。在对此类舞台表演进行拍摄时，参考配乐的节奏是十分有效的方法，尤其对拍摄演员静止的画面有很大帮助。图中拍摄的这位演员面带微笑正在做揖，借助乐器敲打的节奏有效地让拍摄者抓住了人物停顿的一瞬。

加合适的拍摄角度传递出更多的服饰信息。

拍摄参数
光圈：F5.6　焦距：109mm
快门速度：1/200s
ISO：400　中央重点测光

利用影子作为前景增加现场感

拍摄舞台表演时，画面主体常常会显得太过孤立，不能和周围环境形成呼应，如果此时用观众的身影作为前景，画面顿时就多了许多趣味。

✗ 盲目提高感光度以获得清晰影像

在照明严重不足的情况下，高于400的ISO感光度设定，就可以发现照片上会出现比较明显的噪点，盲目应用高ISO感光度值来保证照片亮度的做法是不可取的。

正侧面的身影配上独特的服装让人物更有神秘气息。

拍摄参数
光圈：F5.6　焦距：131mm
快门速度：1/400s
ISO：400　中央重点测光

拼搏，就为这一次——运动

拍摄运动中的人物方法有很多，从拍摄技巧方面来说，一般分为三种方法：一是固定相机拍摄，当运动人物进入画框时，用较高的快门速度拍摄，使人物的运动姿态清晰地定格在画面中；二是跟随拍摄，就是机位虽然固定，但是相机被固定在三脚架上或手里随着运动者摇动，并且要保证摇动速度与人物的运动速度一致，只要在适当的时候按下快门，就可以拍出运动人物清晰、背景虚化的画面、三是等速拍摄，即拍摄影者和运动者以同样速度移动，比如拍长跑，拍摄者在汽车里，在运动者旁边和他做等速运动，也可以拍出与第二种拍摄手法效果类似的照片。拍摄时，可根据实际需要选择任一方法。

基本拍摄计划

BEST PLAN

- 拍摄运动场上的色彩元素
- 拍摄具有动感的运动瞬间
- 拍摄非运动时间的细节场景

实战操作步骤

1. 捕捉运动场上鲜明的色彩元素

色彩绝对是运动场上不可或缺的元素，运动员服装和运动场上的颜色，都具有鲜明而活跃的特征。在拍摄时，我们可以充分地利用色彩来为画面加分，利用各种色彩组合让主体更加突出，给人明快深刻的视觉印象。

在拍摄以色彩为主的画面时，不但要注意画面的布局，还应注意色彩的搭配。这次的拍摄中，为了体现棒球运动员身上的红色，拍摄角度几乎都选择了人物背面，这样就避免了运动员的面部表情分散观者对于色彩的注意力。

平视角度让画面看起来十分真实。

拍摄参数
光圈：F4.0　焦距：135mm
快门速度：1/3200s
ISO：400　矩阵测光

跳跃的红色凸显运动氛围
红色的帽子和手套，以及在空中运动的棒球，都为画面增加了动感激烈的感觉。使用高速快门抓拍，人物的姿态得到了清晰展现。

采用慢速快门拍摄运动场景
拍摄棒球运动员背影采用慢速快门，会使画面中的人物、棒球和球棍都模糊不清，不能够对它们作很好的展示。

捕捉静中含动的运动员姿态

拍摄者选择棒球比赛中接球手举起手套的瞬间按下快门，单从画面中上看可能并不能感受到这一动势，但观者一旦把它和棒球运动联系起来就会产生动态的感觉。图中仍然是以护具的红色作为画面的色彩主角，背景中的绿色作为烘托，动作和色彩的对比给人浓烈的现场感。

✗ 封闭式构图拍摄运动员背影

在常规的情况下拍摄运动员背影，开放式构图往往比封闭式构图更能让画面产生乐趣，也会有更大的视觉冲击力。如图中，拍摄接球手大部分的背影，给观者充分的想象空间，不自觉地融入画面场景。

拍摄参数
光圈：F4.0　焦距：135mm
快门速度：1/2500s
ISO：400　矩阵测光

大光圈模糊了杂乱的背景。

2. 抓拍运动员充满动感的姿态

　　拍摄运动中的人物要选择适合抓拍的相机，在拍摄时，要掌握好拍摄时机。一张理想的运动摄影作品必须能精彩地表现出人物的动态，由于人物是在不停地运动着的，所以在拍摄时，主要考虑的应该是用什么样的快门速度最合适。

　　根据快门速度的不同，拍摄的具体方法也不同。用较快的快门速度可以凝固人物的动态，可以在人物运动到高潮点时，迅速凝固影像以表现人物运动中的优美。例如拍摄跳高运动员跨越横杆的瞬间，就必须使用较快的快门速度，才能确保影像中人物动作的清晰。

采用区域对焦模式清晰刻画人物动态

运动中的人物，大多都有较为固定的活动区域，拍摄时就可以采用区域对焦模式拍摄运动中的人物，在可以灵活构图的情况下最大限度将人物影像清晰呈现。图中拍摄者拍摄了运动员练习接球时的动感瞬间，从侧面取景既能捕捉到人物全神贯注的表情，又能使画面呈对角线式的构图产生出不安、紧张的感觉。

选用合理的对焦模式让人物更加清晰。

拍摄参数
光圈：F4.0　焦距：135mm
快门速度：1/3200s
ISO：400　矩阵测光

对运动员即将出现的位置进行快门准备

在运动高潮来临前通常有一个短暂的停滞时间，所以在准备拍摄时，事先把快门按钮按在即将完全按下的极限处，并且对于运动员即将出现的位置提前对焦，这样可以保证当精彩瞬间出现时，手只要一按快门，就可以获得完美图像。不过使用这种拍摄方法就要事先摸清运动员的活动规律，作出准确的判断。

高速快门抓住运动中的精彩瞬间。

拍摄参数
光圈：F4.0　焦距：135mm
快门速度：1/500s
ISO：800　点测光

3. 对焦运动场上易被忽略的趣味细节

在运动场上，美妙的瞬间随时都在发生着，有一些摄影师或许更关注非比赛时间里或观众看台上发生的事情。运动场是一个环境复杂的地方，如何能在复杂的环境中提取出具有趣味性和观赏性的细节，对拍摄者的观察力是一大考验。

在拍摄过程中，我们首先要学会通过不同的角度来观察比赛的情况，当观众们都注视着运动场时，拍摄者的镜头便可以对向观众；同样，当运动员在场边休息或与教练交流时，也为拍摄者提供了拍摄机会。

灵活使用对角线构图拍摄运动场上有趣的画面。

利用线条，把人们的视线引向被摄主体

运动场上丰富的线条元素常常能够引导观者视线，图中，拍摄者将中场线在画面中作对角线的布局，串联起场上的运动员，再加上复杂的服饰和简洁的场地对比，很容易就将观者的视线落在画面的兴趣点上。

拍摄参数
光圈：F3.5　焦距：135mm
快门速度：1/500s
ISO：800　点测光

非运动时段的生活也是拍摄题材之一。

拍摄参数
光圈：F4.0 焦距：105mm
快门速度：1/640s
ISO：400 矩阵测光

即使在比赛休息期间也有拍摄机会

在比赛的休息期间运动员往往会展露出不同于运动场上轻松自然的状态，这样的状态与运动场上的紧张状态形成鲜明对比，让画面更具有观赏性。

衣服上的蓝色数字增加画面的趣味性。

拍摄参数
光圈：F4.0 焦距：65mm
快门速度：1/800s
ISO：400 矩阵测光

利用细节增加照片趣味

拍摄者不仅留意到了运动场上的运动员，也注意到了坐在场边的替补队员。运动服后面的蓝色数字显得十分突出，很自然地吸引了拍摄者按下快门。拍摄者采用平视角度的中景取景构图，让画面自然生动，符合观者正常的观看角度。

甜蜜时刻——婚礼跟拍

一场成功、完美、动人的婚礼是由化妆师、主持人、摄影师、摄像师等一系列专业人士共同打造的,哪一方面有所缺失都会让这场浪漫的婚礼失色不少。我们今天要学习的,就是婚礼跟拍。

婚礼跟拍是婚礼中极重要的部分,每一个珍贵镜头都不容错过。它要求拍摄者有极好的现场把控能力,不论是远景拍摄还是近景拍摄,都要尽可能忠实地记录下婚礼当天的盛况。对于新人们来说,他们已经不满足于从前那种流水账一样的纯记录片式的拍摄方法。而是追求内容更加丰富,充满浪漫气息,夸张的具有娱乐效果的形式,以带来更多甜蜜的回忆。

基本拍摄计划

BEST PLAN

- 拍摄婚礼现场
- 拍摄具有纪念意义的婚礼小品
- 拍摄形象典型的捧花新娘

BEST STEP 实战操作步骤

1.
充分的准备是拍好浪漫婚礼的前提

婚礼摄影是纪实摄影,首先要保证把场景如实记录下来,其次才是拍摄者自己进行艺术发挥。所以拍婚礼首要的重点便是足够清楚——安全的快门速度和精准的对焦是必须的。在光线不足的室内环境中不能过于依赖相机的防抖模式,因为有时受场景的限制,拍摄者自己很容易就造成手部的抖动。所以在设置防抖功能的同时,快门速度最好也在焦距倒数以上,当然这也不是绝对的,如果到了现场感觉光线足够明亮,能保证画面清晰,那么也可以把快门速度设得低些。

红色调为主的画面风格增加喜庆的感觉。

对婚礼现场进行预先拍摄

在忙碌而热闹的婚礼开始之前,拍摄者一定要提前来到婚礼现场,在宾客还未落座之前对婚礼场地进行拍摄。服务人员忙碌的身影、餐桌上琳琅满目的菜肴、具有婚礼特色的小景小物等都是很不错的拍摄选择,在未被宾客扰乱之前,在众多宾客到来之前,将它们记录下来都会非常有意义。

拍摄参数
光圈:F4.0 焦距:35mm
快门速度:1/60s
ISO:250 中央重点测光

好的室内光线是关键

婚礼现场的光线一定要充足,有的新人说:"我觉得现场已经很亮了,为什么拍出来的效果还是很差。"这点需要说明的是,人眼所接受的亮度范围很大,但相机是远远达不到的,所以如果在很暗的环境拍摄,必须要放慢快门速度,但如果是拍动态场景的话,这样做必然会造成画面模糊,而且如果完全依靠闪光灯照明的话,拍出来的照片光线很硬,阴影很重,也会使照片中的人物不美观。所以好的室内光线对拍摄效果来说很重要。

选择具有代表性的婚礼场景引发观者的联想。

拍摄参数
光圈:F8.0 焦距:20mm
快门速度:1/50s
ISO:400 中央重点测光

活泼温暖的色彩点亮画面

像花瓣、香槟和蕾丝等颜色亮丽且质感的物品都是婚礼上的常客,善加利用,即使是很简单的画面也能传递给观者一种喜庆热烈的感,渲染出婚礼现场的浪漫气氛。

尽量不要使用内置闪光灯

除非是婚礼现场的光线条件非常恶劣,后侧内置闪光灯绝对不是一个很好的选择。闪光灯强硬的光线质感不仅会破坏画面中物体的立体感,也容易造成不合适的反光影响气氛的表达。

留意一些具有婚礼特色的景物。

拍摄参数
光圈:F4.0 焦距:52mm
快门速度:1/60s
ISO:250 中央重点测光

2. 精彩小品渲染温馨氛围

对于有特别意义的物品，可以使用特写镜头来加强表现力。每个婚礼的过程是相似的，但是每个婚礼又都有与众不同的地方，一定要善于发现每个婚礼上独特的细节，并使用特写镜头认真描绘，如果所有的画面全部都用广角镜头拍摄，那么有些细节的刻画便不会到位，如果要想把一场婚礼拍摄得令人难忘，就一定要琢磨镜头的合理使用。

特写结婚戒指的画面给人留下深刻的印象。

根据拍摄对象灵活选择镜头和拍摄模式

在婚礼仪式过程中，应该注意广角与特写镜头的结合使用。使用广角拍摄可以获得比较完整的画面，烘托出婚礼场面和喜庆氛围，对于一些重要的仪式也可以用广角镜头来展现。另外通过使用特写镜头，可以捕捉到对象的细微表情，或者像婚戒、结婚证书等对新人来说重要的物品。而采用点对焦模式可以获得较好的特写效果，采用光圈优先模式则可以更好地控制景深。

● 柔和的顶光让首饰富有色彩的美感和光泽

拍摄参数
光圈：F5.6　焦距：105mm
快门速度：1/125s
ISO：100　中央重点测光

留心观察婚礼现场有趣的物品

拍摄者在拍摄这张照片时，注意到的是香烟的秩序感和火柴散乱的有趣对比，就好像是新人整洁的外表和紧张心情的对比。以红绸为背景仍然渲染出了浓烈的婚礼气氛，顶光的投射也恰好塑造出了物品的立体感。

拍摄参数
光圈：F5.6　焦距：135mm
快门速度：1/320s
ISO：100　中央重点测光

在婚礼中也有许多对比元素的出现。

3.
跟随焦点记录全程甜蜜

任何一场婚礼，新娘永远都是焦点人物，从婚礼开始前，到婚礼进行时，再到后续的婚宴，新娘都是拍摄重点。当然不是说新郎就不重要，只是女性拍摄对象的情感表达与造型都更为丰富，所以在幸福时刻多抓拍新娘的幸福瞬间，更容易出片。拍摄新娘可以大量的使用特写镜头，特写拍摄不同于远景、中景和近景拍摄，它就像是用放大镜对人物的进行观察，拍出的物体细节被放大。在对人物作特写拍摄的时候，首先要仔细观察，找出其最美的一面。

抓住婚礼过程中令人难忘的事件细节。

拍摄参数
光圈：F2.8 焦距：85mm
快门速度：1/200s
ISO：100 点测光

○ 控制曝光比让色彩更美妙

比正常标准光稍高半档的曝光，让照片画面有些泛白，却正好符合婚礼高雅圣洁的感觉。不过值得一提的是，在适当提高曝光值的同时，仍然要注意对细节的保留。

✗ 采用广角拍摄杂乱的场面

婚礼现场人多繁杂，广角镜头大范围的取景视角可能会收录进许多不必要的干扰元素，从而影响主体本身的表现，如果拍摄场地有限，标准镜头是更好的选择。

○ 运用鲜亮的色彩让画面脱离平庸

在拍摄色彩鲜艳的对象时，我们可以适当地调节相机模式，让画面的色彩更加鲜艳耀眼。拍摄时不宜使用内置闪光灯直射人物正面，而要让新娘坐在窗边，柔和的自然光就可以营造出唯美浪漫的效果。

捧花和头纱是婚礼摄影的经典组合。

拍摄参数
光圈：F2.0 焦距：85mm
快门速度：1/125s
ISO：400 点测光

刻画细节，表现浪漫

拍摄者注意到新娘耀眼的项链从而拍摄了这张照片，观者从这样的小细节便可以联想到新娘精致的妆容和紧张的心情，大光圈的朦胧效果将整体氛围渲染得十分到位。

横幅画面保留更多细节，着重于对氛围的营造。

拍摄参数
光圈：F5.6　焦距：135mm
快门速度：1/250s
ISO：400　点测光

变化角度拍摄同一场景

在婚礼跟拍的过程中，同样的场景可以变换不同的拍摄角度拍摄出不同感觉的照片，尤其是在新娘等待进场这样紧张而有意义的时刻更应该多找角度拍下最美的一面。

捧花与新娘的胸花形成对比，虚实之间展现趣味。

拍摄参数
光圈：F2.8　焦距：85mm
快门速度：1/60s
ISO：400　点测光

合适的白平衡设置让皮肤显得更白嫩

室内拍摄要注意白平衡的设置，即使是使用RAW格式拍摄，也要注意。因为在复杂光线条件下，人物皮肤的颜色很难拍好，建议采用日光白平衡直接拍摄，但若使用闪光灯，便要注意闪光灯与环境光的比例分配，具体的操作方法是采用光圈优先配合慢速闪光同步。如果以人物为主或是人物特写的拍摄，闪光灯不做曝光补偿，相机减一到三档曝光。

鲜艳的捧花与新娘姣好的面容相互辉映。

拍摄参数
光圈：F1.8　焦距：85mm
快门速度：1/160s
ISO：400　点测光

虚实结合的画面布局

构图对画面美感很重要，摄影师要尽量学会在按下快门前就找到你想要表现的趣味中心和构图方式，拍摄时把对焦点选定在你所要表现的视觉中心点上。图中的视觉中心基本是在画面的黄金分割线上，拍摄时选取的背景也非常简洁，与拍摄主体形成强烈的明暗对比。拍摄新娘等待婚礼开始前的时候，视角较为特别，采用了虚实对比拍摄手法，当然最重要的还是要抓住新娘喜悦的表情，让拍摄主体突出。

曲线和圆形的对比构图赋予画面饱满的张力，侧面拍摄新娘的笑脸，使其更有韵味

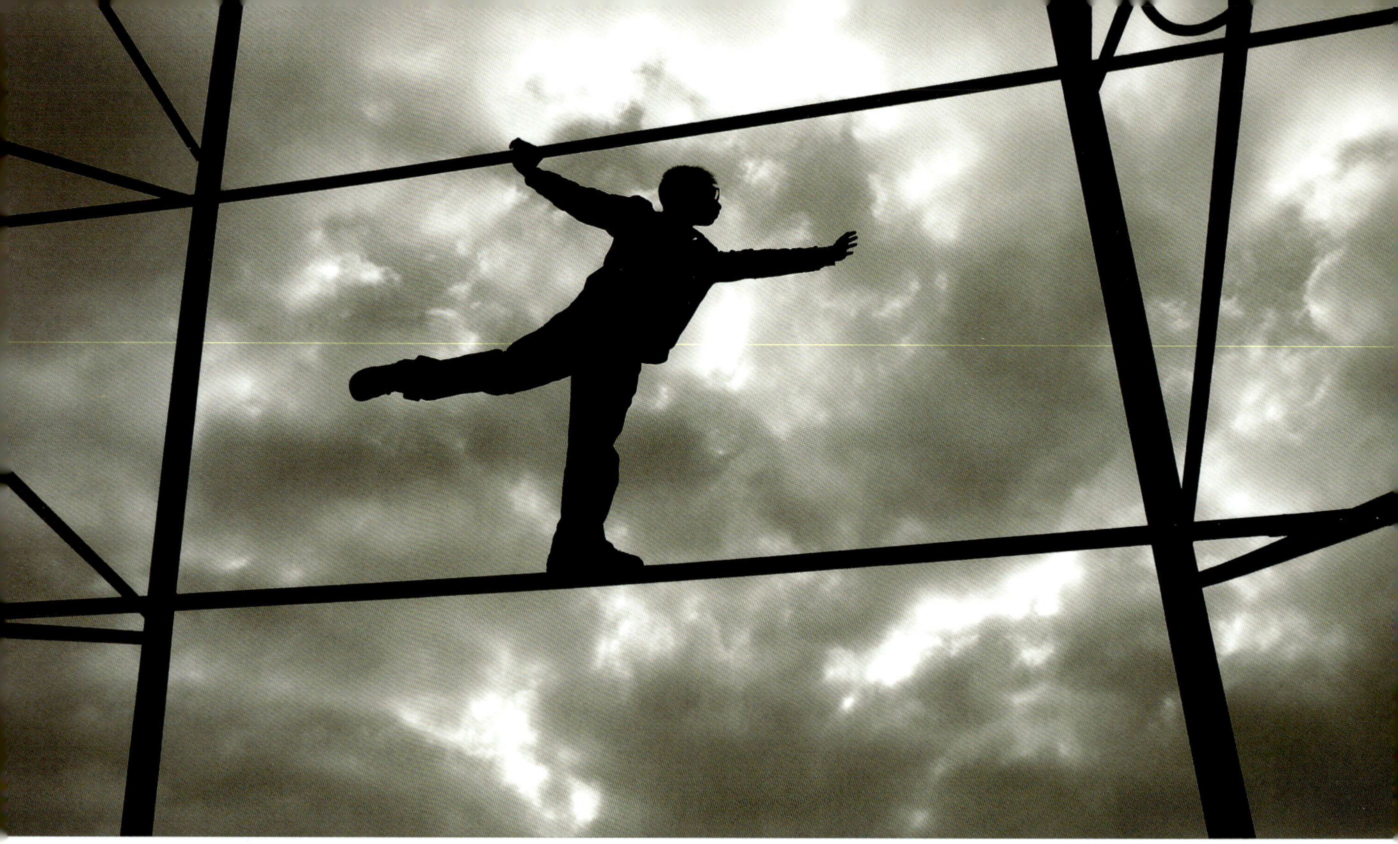

小想法，大道理——观念

在摄影界中，很少有人能对观念摄影作出准确的定义和诠释，单从作品的角度来说，能够将拍摄者心中的想法传达出来的摄影，就可以被称为观念摄影，观念摄影更看重的是拍摄者本身的思想表达。

既然是思想表达，那我们对于表达的媒介——摄影就必须有一定的技法掌握。除了摄影技法，拍摄者的想法更是观念摄影作品的核心所在，我们浏览那些大师的作品时，从截然不同的画面风格中也能提取出一些相似的概念来。

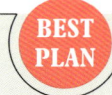

基本拍摄计划

BEST PLAN

- 拍摄大量留白的观念作品
- 拍摄多手法叠加的观念作品
- 拍摄超现实意味的观念作品
- 拍摄某一主题的观念作品

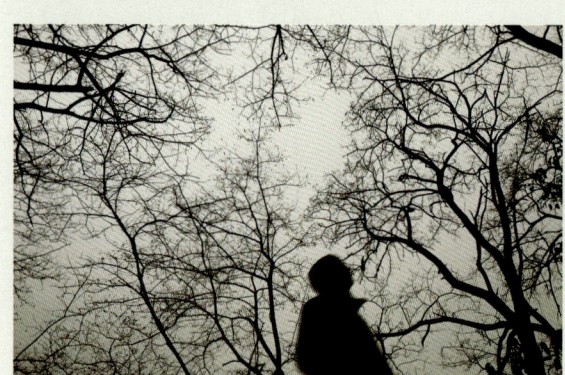

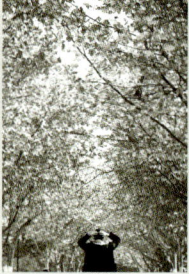

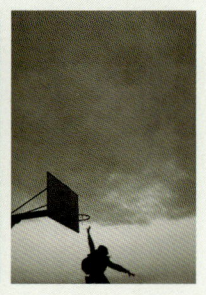

实战操作步骤

1. 合理留白，表现专业的摄影意境

要使主体醒目且具有较强的视觉冲击力，就要在它的周围留有一定的空白，这可以说是所有造型艺术的一种规律。中国书法和绘画的章法、技法中，都很注重和讲究留白，有"画留三分空"的说法。这里说的"留白"是指在画面上起衬托作用的部分，它不是单一的某个物体，甚至不是实体，而是由单一色调的背景所组成，形成实体对象周边的空白，合适的留白可以有效地突出主体、创造意境，连接画面中的不同对象。

仰拍角度让抽象感更加强烈。

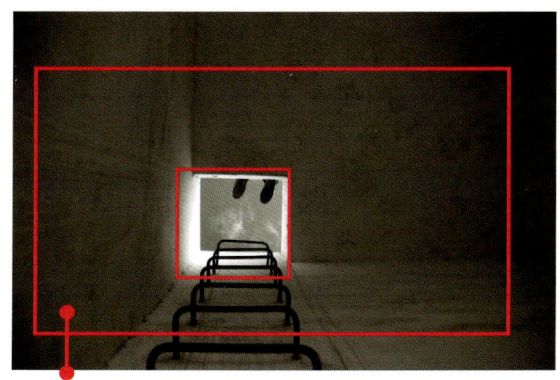

框架式构图让观者视线充分集中

合理控制留白与主体比例

画面上的留白与实体所占的面积大小，要合乎一定的比例关系。一般来说，画面上的留白的总面积应大于实体对象所占的面积，这样的画面才显得空灵、清秀。如果实体对象所占的总面积大于留白面积，画面则偏重于写实，而少了些意境。但如果两者在画面上的面积相等，画面给人的感觉就会显得呆板平庸。

拍摄参数
光圈：F3.5 焦距：18mm
快门速度：1/500s
ISO：100 矩阵测光

留白有助于营造画面的意境

画面如果被实体对象塞得满满的，没有一点空白，就会给人一种压抑的感觉。反之，如果画面上空白留得恰当，便会有透气的感觉，也会使观者有想象的空间。人们常说："画留三分空，生气随之发。"空白留取得当，会使画面生动活泼，空灵俊秀。空白处，常常洋溢着作者的感情，观众的思绪，作品的境界也能得到升华。

画面中浅色与深色的区域形成了抽象的几何图形，让观者产生联想。

拍摄参数
光圈：F4.0　焦距：18mm
快门速度：1/160s
ISO：200　矩阵测光

画面上留有一定的空白是突出主体的需要

要使主体醒目，具有视觉冲击力，就要在它的周围留有一定的空白，比如拍人像时，也会避免头部、身体与树木、房屋、路灯及其它物体重叠，而将人物安排在单一色调的背景中，并且主体的周围留有一定空白，这是是造型艺术的一条规律。

有规律的图形让大面积留白的画面变的有趣。

拍摄参数
光圈：F8.0　焦距：24mm
快门速度：1/100s
ISO：200　矩阵测光

2.
多法结合，让思想重心更加突出

摄影的本质除了记录外，更多的是一种思考，当你拿起相机拍摄开始进行，就已经是在记录你的思考方式，拍摄不单单是超广角的大范围的记录，而是一种有选择的、有思考的记录。在拍摄前，通过镜头进行选择便是每个人的一种思维过程。每个人记录他所感兴趣的题材，这就是不同思维的选择结果。

在观念摄影中，我们有更多手法来实现自己的创意，如众多的拍摄者所选择的黑白模式拍摄就是其中最典型的一种方法。但无论我们选择何种拍摄手法，只要能够利用视觉语言表达出想法就达到了拍摄目的。

逆光下的人物和球网更能凸显本身的形状轮廓。

黑色的边框带给观者一种窥视的视觉感受

逆光能够增强视觉冲击力并渲染氛围

在逆光拍摄中，大部分细节被阴影所掩盖，被摄主体以简洁的线条或很少的受光面积出现在画面之中，这种大光比、高反差给人以强烈的视觉冲击，从而产生较强的艺术效果。

拍摄参数
光圈：F9.0 焦距：18mm
快门速度：1/400s
ISO：100   矩阵测光

拍摄水面的倒影带给画面一种诡异感。

拍摄参数
光圈：F2.0　焦距：35mm
快门速度：1/160
ISO：200　矩阵测光

利用倒影制造不一样的画面感受

倒影即景物倒映在反光物表面所形成的倒立影像，水面是倒影较常见的一个媒介。好的倒影摄影作品具有含蓄浪漫的抒情效果，如诗情画意一般去感染观者。一般来说，拍摄倒影的最佳光线是光源较低的逆光环境，其次是侧光和漫射光环境，最忌的是顶光和顺光环境。上图中，在逆光下，天空和实景形成了强烈的明暗对比，这样投到水面上的影像就显得清晰、分明。

倒影也能制造出画面的纵深感。

拍摄参数
光圈：F5.0　焦距：31mm
快门速度：1/80
ISO：100　中央重点测光

倒影与实体均衡的划分画面

为了传递出别有深意的画面效果时，可以打破常规，将实体与倒影的分割线放置在画面中间，黑白色的渐变效果让纵深感更加强烈，并营造出一种令人不安的气氛，整个画面仿佛在诉说着某件事情，强力地抓住了观者的视线和好奇心。

3. 超脱现实，轻松获得梦幻画面

摄影的高级阶段就是把思想放入其中。观念摄影，就是将拍摄者对事物的看法和认识，用摄影的手法转化为视觉语言。想要创作出优秀的观念摄影，需要有两大条件：一是你必须要有思想，独特的思想观念；二是要熟练地掌握摄影的技法，在多样化的摄影技能中找到最适合自己的一种。超现实题材是观念摄影中独特而引人注目的一项，但是要创作出超现实主义的画面却并不容易。

多重曝光营造不可思议的画面。

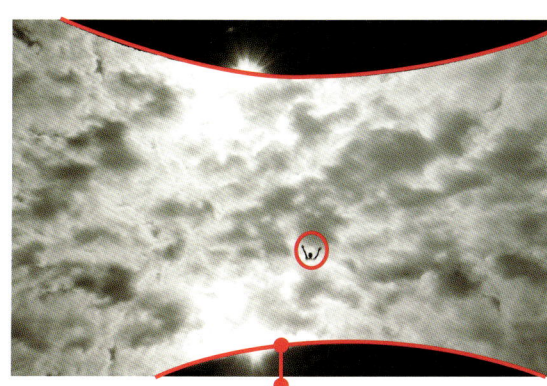

独特的圆弧形建筑和太阳都以呈对称形式出现，加强了画面超现实的意味

叠加法多次曝光的运用

这种方法就是在画面的某些区域预先留出位置，在预留区域内多次曝光，可以形成一种极富表现力的画面效果。拍摄的过程中，相机的位置可以固定，也可以移动。图中，拍摄者首先利用镜子拍摄一张简单的人影，然后利用多次曝光的手法再拍摄天空，最后将两个画面进行合成，便形成图中效果。

拍摄参数
光圈：F9.0　焦距：18mm
快门速度：1/400s
ISO：100　矩阵测光

光影的层次让黑白的画面有立体感

摄影作品所表现的物体的质感，即物体的表面结构，如同立体感一样，虽不是所有作品都具备的，但它确实是为一些画面增添光彩、增强艺术感染力的重要一点，例如左图，水池中对瓷砖细密质感的展现以及在黑白的摄影画面中，对黑白灰三个层次进行合理的布局展现立体感的都是摄影中常用的手法，它对于传递画面的形式美感尤其有效。

大范围取景营造形式上的美感。

拍摄参数
光圈：F10.0　焦距：18mm
快门速度：1/200s
ISO：自动　矩阵测光

大量的曲线分布让画面更有张力

拍摄者在拍摄时，选择稍俯拍场景，压缩场景中的曲线线条，让其在画面中的弯曲弧度变小，产生出柔和优美的流畅感，另外，对曲线不完全拍摄让画面有了向画面外延伸的感觉，使画面产生张力，为观者留下了想象空间。

利用强烈的顶光拍摄倒影画面

在各种光线条件中，强烈的顶光是最不适合展现倒影的光线，尤其在黑白的画面中，强烈的光线会产生反光，大幅度削弱灰色层次的展现，使画面缺失细节。

4. 统一主题，让观念照片更有力量

在观念摄影中，一个恰当的主题会让原本看似无关的作品之间产生微妙的联系，并且让观者对于拍摄者的主题内涵产生新的认识。

观念摄影的主题，可以是具体的事物，也可以是抽象的概念，下面的这组照就是以"束缚"作为主题拍摄出的。但我们必须要清楚的是，无论拍摄主体是什么，不是只要有好的思想观念或主题立意是就可以成就一组好作品的；因为摄影最终要靠二维平面图像表现出来，所以我们必须仔细考量图像所展现出的一切视觉元素，并结合拍摄技巧才能获得高品质的观念摄影图像。

用简单的场景中表现创作的主题。

拍摄参数
光圈：F8.0　焦距：17mm
快门速度：1/125s
ISO：200　矩阵测光

○ 以局部的肢体语言传达力量

拍摄身体的局部是观念摄影常用的手法之一，拍摄时，要选择肢体线条明显、轮廓硬朗的，这样在画面中出现时会更有力量。此外光线的投射方向也很重要，好的光线应该充分强化肢体本身，而让"人"这一本体退到次要的位置，给观者留下充分的想象空间。

✕ 复杂的画面组成表现主题

除非是拍摄者是故意而为之，绝大多数的拍摄者都会以简洁的画面来传达主题的深意，前面我们说的"留白"就是同样的道理。简洁的画面组成比复杂的画面更能凸显主题。

用剪影效果简化主体表现主题

剪影效果的照片常常出现于主体与背景光线差异过大时,对背景部分进行点测光,最后使主体曝光严重不足,形成强烈的剪影。这样的画面效果可以简体拍摄对象的一切细节,凸显主题表达。

剪影效果还能营造出一种神秘感。

拍摄参数
光圈:F6.3　焦距:20mm
快门速度:1/640s
ISO:100　矩阵测光

较高的感光度营造画面颗粒感

在黑白摄影中,有些拍摄者偏好用较高的感光度来拍摄场景。较高的感光度可以在画面中形成一定的颗粒感,以此突出质感强烈的物体或是怀旧复古的画面效果。在观念摄影中这种手法也很常用。

浓重的投影让画面耐人寻味。

拍摄参数
光圈:F6.3　焦距:38mm
快门速度:1/125s
ISO:250　点测光

多重曝光营造不可思议的画面。

运用重叠的方式形成画面的疏密感

拍摄者巧妙地把握住了铁丝网这一物体的特性，利用取景角度让铁丝网部分重叠，在视觉上形成变化，画面看起来更加丰富。

僵硬的线条带给画面压抑禁闭的感觉

拍摄参数
光圈：F5.0　焦距：18mm
快门速度：1/500s
ISO：100　矩阵测光

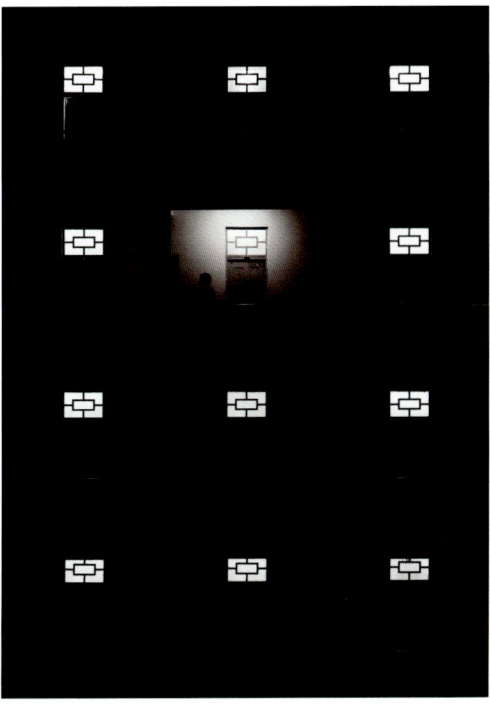

正确的画幅选择加强画面本身的形式感

这张照片中首先最吸引人的是画面强烈的形式感，同样的元素在画面中重复出现，只在画面的中心产生了一些变化。原本这种变化是不太明显的，但是拍摄者采用竖画幅突出了画面中心竖立的门，就让这种变化显得突出了。

在统一的形式排列中寻找变化更有趣。

拍摄参数
光圈：F8.0　焦距：42mm
快门速度：4s
ISO：100　点测光

流光掠影——街拍

人们常常喜欢游走于城市的大街小巷，感受不同城市的文化氛围和城市精神。那些在街头不经意间展露的城市特质，往往是最具有代表意义的文化缩影，这意味着即使是在最平常的上下班途中，你也可以通过镜头展现你的城市语言。拍摄城市，随性的成分占有极大的比重，所以没有固定的器材和拍摄前提才能进行拍摄。而观察和思考，才是城市掠影最重要的一个部分。

基本拍摄计划

BEST PLAN

- 拍摄富有趣味的城市风情
- 拍摄具有温馨气息的街头小景
- 拍摄具有人文气息的城市特色

 **实战操作步骤**

1.
捕捉局部街景，衬托特色鲜明的城市风情

游走在城市街头，常常会发现一些独具魅力的城市特点。将这些具有特点的建筑或人物纳入画面，可以营造出更浓郁的地域风情。模式获得具有特色的画面，可以尝试拍摄街景局部的方式，仅拍取最具特色的部分，这样不仅可以避免画面过于杂乱，同时也能强化我们需要突出的主题。

拍摄建筑物局部让观者对建筑物充满想象。

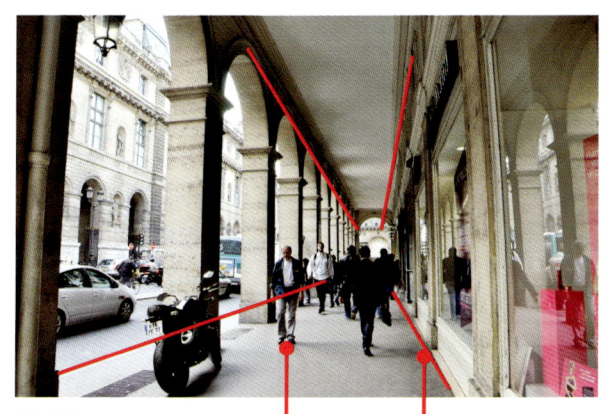

拍摄参数
光圈：F8.0　焦距：18mm
快门速度：1/60s
ISO：360　矩阵测光

把人物纳入画面增加浓郁生活气息

汇聚的线条凸显建筑的秩序美

斜线构图元素为画面增加动感

斜线构图方式越来越常出现在建筑摄影中，拍摄者抛弃了对建筑常规的拍摄手法，选择使用斜线来增加画面的延展感和动感，让原本呆板的建筑物变得生动活泼起来，观者的视线也会随着斜线向画面外延伸，对画外部分的建筑充满想象。画面左上角的路灯让构图更丰富。

运用色彩制造画面层次

表现出色彩的变化是最适合营造画面层次的方法之一，在静物摄影中，这种方法都运用广泛。图中，金黄色的雕塑，暗黄色的建筑物，蓝色的天空将画面分为了3个层次，产生出明显的空间感。画面右下角的建筑物局部让场景看起来更加真实，也有着填充画面的效果。竖幅拍摄建筑物，加强了其本身高大宏伟的感觉，也形成了半框架式构图，让画面更为简洁大气。

拍摄参数
光圈：F10.0 焦距：30mm
快门速度：1/200s
ISO：200 矩阵测光

富有层次的背景让画面给人留下更深刻的印象。

2. 选择独特视角，拍摄温馨的街头小景

拍摄温馨的街头小景，观察力的作用大于拍摄本身。首先我们必须要习惯在大脑中将三维的场景转化为平面的图像，也就是摄影师常说的用"拍摄眼"去观察世界——怎样构图，怎样搭配色彩，怎样选择景别等，拍摄者不可能花费大量的时间来对一个场景进行反复的拍摄、修改，所以在脑海中就必须先设想好自己想要的画面，拍摄时再做一些针对实际情况的调整。

选择特别的拍摄角度对于街头、巷尾等场景的展现也有所帮助，其中包括拍摄方向和景别的选择，常规情况下近景、特写拍摄适用于比较小或背景比较复杂的物体或场景，近距离拍摄可以有效避免其他物体对主体的影响；而中远景拍摄适用于展现城市特色浓郁的场景，能够充分将其体现得完整饱满。

近距离拍摄突出画面主体

在拍摄一些特写效果表现的街景画面时，亲自走进拍摄主体比使用长焦拉近主体更好，这样可以有效避免焦距过长引起的画面畸变，而且可以更加自由地选择画面的背景。在对相机进行设置时，不妨将其色彩饱和度调高，强化色彩给画面营造的感觉。

棋盘式构图带来零乱的美

将掉落于地面的花瓣进行特写拍摄，可以增强零乱的视觉美感，也增添了妩媚的艺术效果。

掉落在地面的花瓣更显街景的迷人。

拍摄参数
光圈：F5.0　焦距：58mm
快门速度：1/30s
ISO：1400　矩阵测光

色彩的对比带来
视觉上的冲击

红绿色对比鲜艳明快

拍摄者注意到植物中红绿颜色的对比，采用大光圈对背景进行一定模糊处理，利用自然的物体表现出城市舒适休闲的特质，背景中的欧式风格建筑更是加强了这种特质的体现。

颜色的对比带来清新自然的观感。

拍摄参数
光圈：F5.0　焦距：58mm
快门速度：1/30s
ISO：1400　矩阵测光

对比手法增加趣味

拍摄者在拍摄时采用对比手法来展现公告牌，首先是广告牌和背景建筑物的大小对比，其次是广告牌和建筑物的颜色对比。在两种对比拍摄手法相结合的情况下，再配合仰拍角度将主体拍的形状体现得比正常角度下的更夸张，产生了强烈的视觉冲击力。仰拍的手法还刻画了建筑物的斜线线条，为画面增加趣味。

采用特写仰拍不透光物体

如果是仰拍不透光物体就不应该采用特写方式来仰拍，画面会体现出一种压迫或者是逼近的感觉。如果是仰拍透光物体，倒是可以营造出较好的画面氛围。

拍摄参数
光圈：F9.0　焦距：18mm
快门速度：1/100s
ISO：200　矩阵测光

仰拍角度突出建筑物的宏伟气势。

3.
依靠长焦镜头抓拍，利用人文气息衬托城市风情

想要在随意的生活中拍摄出令自己满意也让观者震撼的照片，首先要学会的就是要在任何时候，都随身携带相机。有些精彩的瞬间，只会在特定的时间和地点发生一次。这些精彩的照片不仅来自于城市中那些震撼人心的宏伟建筑，也来自于我们日常生活点滴的片段，利用长焦镜头和抓拍的手法，将人的生活巧妙融于城市建筑之中，描绘出生动而真实的城市生活。

等待日出日落时分建筑物的光影美景。

拍摄参数
光圈：F8.0　焦距：105mm
快门速度：1/200s
ISO：400　矩阵测光

长焦更适合抓拍瞬间美景

在日出日落的光线变化中，每一秒的光线变化都对古典建筑产生微妙的影响。在捕捉这样远距离的美丽瞬间时，长焦镜头的优势得到放大，充满画面的光线美感抓住观者的视线。

以人物活动描绘城市气质

右图拍摄的是在公园椅子上休憩的人们，拍摄者选择的拍摄角度十分特别，既有画面的远近对比关系，表现出场景的纵深感，又充分保留了画面细节增加更多的观赏性。从人物的神态和动作中，就能领略到浪漫、休闲、人性化的城市氛围。

以拍摄人物状态体现城市气质。

拍摄参数
光圈：F6.3　焦距：170mm
快门速度：1/160s
ISO：200　矩阵测光

拍摄总结
纪实摄影

合理应用不同的场景模式

一般来说数码单反相机的场景模式少则四五种，多则二三十种，主要包括人像、风光、微距、运动、夜景人像关闭闪光灯这六大模式，当然还有使用最为方便的全自动模式。

■ 了解不同的场景模式

人像

人像模式在拍摄人物时，会将背景虚化以突出人物主体。同时在该模式下，人物的肤色和头发会比AUTO模式更加柔和。当光线不足时，内置闪光灯也会自动弹起。

> **TIPS**
> 在该模式下，拍摄者要靠近人物，同时要确保人物距离背景较远，背景才能更好的虚化，更好的突出人物主体。另外，使用长焦镜头，可以让这样的拍摄效果得到更好的呈现。

风光

使用风光模式拍摄自然风光、城市场景时，相机会自动由近及远将对整个场景都进行合焦。较AUTO模式画面中的绿色和蓝色等色彩会更加鲜艳，景物也会更加清晰明了。

微距

在拍摄微小的物体时，使用微距模式是理所应当的。但是对于数码单反相机而言，要想使被摄体清晰且显得更大，只有安装微距镜头才最能体现这个效果。

> **TIPS**
> 在使用微距镜头时，由于微距镜头的景深控制能力较差，因为拍摄者只有使用F11.0，甚至是F16.0之类较小的光圈才能呈现足够的景深，以展现更多的细节。

AUTO全自动

AUTO全自动模式下，所有拍摄参数都由相机根据所拍场景自动生成。对于初学者而言是必用的拍摄模式，在来不及设置相机参数的情况下，例如抓拍动态瞬间也是很适用的。而且使用此模式，如果拍摄环境的光线较弱，相机内置闪光灯也会自动弹起。

运动

拍摄运动中的被摄体，不论是奔跑的运动员、飞行中的海鸟还是活泼好动的儿童都可以使用运动模式来进行拍摄。因为该模式快门速度始终会保持在一个较高的状态，为清晰地凝固运动瞬间提供保证。

> **TIPS**
> 虽然目前市面上的数码单反相机的十字对焦点越来越多，准确性也不断提高，但为了获得更清晰的画面效果，建议拍摄者使用相机中央对焦点拍摄运动类题材的照片会更有保证。

夜景人像

夜景人像模式，即在夜间或是弱光环境下拍摄人物时，可以保证人物与背景都获得相对平衡的自然曝光效果。

关闭闪光灯

关闭闪光灯模式，可以在禁止使用闪光灯的展览馆、水族馆等场所运用，或者是在需要拍出环境光照的场合下使用。

> **TIPS**
> 不论是使用夜景人像模式还是关闭闪光灯模式拍摄，只要是在光线极弱的环境中拍摄，相机的快门速度自然会降低，所以此时使用三脚架或独脚架，提升相机的稳定性，可以获得更高质量的画面效果。

■ 适合生活纪实摄影的场景模式

在了解数码相机中主要的场景模式之后,而在平时记录生活时,需要了解的不仅仅是怎么使用这些场景模式,而是哪些模式更适合生活纪实摄影。

其中值得一提的是AUTO全自动模式,因为该模式更加智能。而在光照不足的环境下,为了抓拍一些纪实性的画面则可以使用运动模式。如果要获得突显主体的画面,则可以在人像模式下结合大光圈进行拍摄。

AUTO模式

在AUTO模式下,拍摄者不用考虑任何拍摄因素,相机会自动设置所有参数,让拍摄者很轻松地抓拍生活中的一些真实场景。特写是针对人物等纪实性画面的抓拍,由于生活中的人物的正常行动的速度一般不会太快,因而AUTO模式下,自动生成的快门速度基本上都可以满足拍摄的需要。

拍摄参数
光圈:F4.0 焦距:200mm
快门速度:1/250s
ISO:200 AUTO模式

运动模式

在运动模式下,快门的驱动模式默认为连拍模式,因而拍摄者可以轻松的应对运动中的被摄体。所以,只要拍摄者按住快门按钮不放,便可以获得一组连续性的图像。

拍摄参数
光圈:F4.0 焦距:100mm
快门速度:1/1000s
ISO:400 运动模式

不同滤镜的选择与使用

有时拍摄时受到复杂光线或者其他因素影响，拍出的画面往往不尽人意，这时，如果用一个小小的滤镜，画面效果就会有所改善。市面上的滤镜很多，但不同的环境要考虑不同的滤镜，并且在了解不同滤镜的作用的同时，还需要掌握它们的安装方法。

常见滤镜的作用

常见滤镜包括UV镜、偏振镜、减光镜、渐变镜、星光镜和近摄镜等，它们都有着不同的作用。

UV镜

UV镜可以滤除紫外线，不过对于市面上主流的日系消费类数码单反相机而言，传统的UV镜已经没有用了，因为如今的单反数码相机的感光元件和胶片不同，它对紫外线并不敏感，而是对红外线敏感，在感光元件前使用的低通滤镜又具备了过滤红外线的作用，因此，平时我们只要安装通光性好的保护镜就可以了。

UV保护镜

偏振镜

偏振镜是风光摄影中常用的滤镜，它可以起到过滤非金属类反光的所有偏振光的作用。对水面反光的过滤以及对天空、植物色彩的加强都有不错的表现。

通常在数码单反相机上使用的作用的是CPL圆偏振镜，它由一片PL线偏振镜与一片四分之一波片胶合而成的一个双层滤镜。通过旋转上面的滤镜达到不同程度的偏振光过滤效果。

偏振镜

减光镜

减光镜顾名思义，即具有减少一些光线进入镜头的滤镜，是一片没有任何色彩倾向的灰色滤镜，也被称作中灰密度镜。一般在两种情况下使用，一是为了在强光下换取大光圈的可能性，常用于人像、商品摄影；二是用于换取较长的曝光时间，常用于溪流的拍摄，可以产生雾化的水流效果。

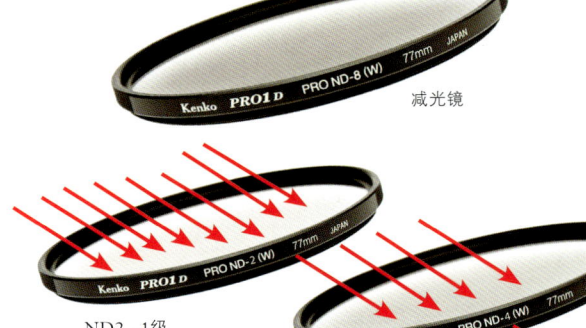

减光镜

ND2 -1级

ND4 -2级

> **TIPS**
>
> 减光镜可以叠加使用，一次可以叠加多片减光镜。其中减光1级的ND2和减光2级的ND4叠加使用后的减光级数是3级。

渐变镜

渐变镜，可以对画面产生从一端到另一端的深浅的渐变效果，是针对画面局部效果而设计的滤镜，分为彩色渐变镜和中灰渐变镜。彩色渐变镜可以对画面局部色彩进行改变，而中灰渐变镜，也可被视为渐变减光镜，其作用是对画面局部明暗进行调整，通常用于风光摄影中。

渐变镜

星光镜

城市夜晚的街灯,或是一切点状光源在画面中大量出现时,很多拍摄者并不喜欢这样直观的感受,觉得略显平凡,便可以使用星光镜将每一个光源点都放射出特点线束的光芒,以达到光芒四射的效果。

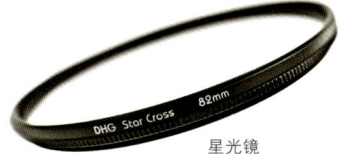
星光镜

近摄镜

近摄镜又被称作"穷人的微距镜头",其实就是一片放大镜。因为将其置于镜头前可以大大缩短镜头的最近对焦距离,以获得更大放大倍率的照片,对于微距摄影很有帮助。

星光镜

■ 生活纪实摄影中滤镜的选用

平时记录生活时,大部分的画面都比较平常没有特色,为了使得画面变得更有味道,除了选用上述各个滤镜,还可以选择使用不同颜色的彩色滤镜、拍摄出有特殊效果的彩色照片。

彩色滤镜

■ 不同滤镜的安装方法

在市面上滤镜的形状主要分为圆形和方形两种,在此针对这两大类滤镜系统的安装进行讲解。

圆形滤镜的安装

(1)在安装滤镜前,首先可以使用气吹清除镜头上的灰尘,以免对成像造成影响。

(2)在清洁后,直接将圆形滤镜螺口与镜头前的螺口对准旋紧即可。

方形滤镜的安装

(1)方形滤镜的安装比较麻烦,需要先将套座接环与镜头旋紧,再从侧面将滤镜套座滑入套座接环至听到"咔"声为止。

(2)最后将滤镜插入滤镜套座上的滤镜槽即可。

曝光补偿的充分运用

虽然在P/Tv/Av/M曝光模式下都可以对曝光补偿值进行调整。但在其中的M模式下，曝光补偿是没有任何意义的。因为曝光补偿是在确定曝光参数的基础上，通过改变另一参数而获得。而在其他三种曝光模式中，摄影师最常在Av模式下使用曝光补偿。因为大多数需要做曝光补偿的拍摄场景，拍摄者都会先确定光圈值，其次是测光模式，最后便是对所选的测光模式所产生的曝光读数所获得的图像效果，做一定量的曝光补偿，从而获得完美的曝光效果。

■ 了解曝光补偿的基本原理——白加黑减

针对曝光补偿而言，最需要掌握的便是白加黑减。那么为什么是"白加黑减"，其实这跟相机的程序设置是有很大关系的，因为相机的测光基础是针对18%度中性灰而言的。但相机的芯片并不是万能的，不能分辨被摄体的黑跟白，对所有被摄体进行测光都是根据18%度中性灰而衡量的。那么就会出现对反射率比18%度中性灰亮的白色被摄体测光，出现曝光不足的现象；反之，对反射率比18%度中性灰暗的黑色被摄体测光，也会出现曝光过度的现象。因此在拍摄较亮物体时，就该增加曝光补偿，或拍摄较暗物体时，减少曝光补偿。

对白色曝光

当拍摄者对着画面中接近白色的高光部分测光，所拍摄的画面会产生曝光严重不足的现象，如左上图所示。

对黑色曝光

当拍摄者对着画面中接近黑色的阴影部分测光，所拍摄的画面会产生曝光严重过度的现象。如左下图所示。

在前面的测光模式中我们已经了解到了，对于画面中不同区域测光所得到的曝光量不同，我们可以找出画面中接近18%中性灰的部分进行测光，但是并不是每一个拍摄者都能找到画面中能够获得准确曝光值的测光区域，所以曝光补偿则变成了最好的选择。

测光区域

增加曝光补偿

减少曝光补偿

拍摄参数
光圈：F4.0　焦距：200mm
快门速度：1/60s
ISO：400　点测光

■ 对不同色彩的物体进行曝光补偿

由于并不是每一个被摄体都是黑色或白色的，我们生活中的被摄体可能是五颜六色各种不同的情况。那么我们就需要了解不同颜色的明暗关系，从而让我们拍摄的图像曝光更加准确。

了解不同色彩的灰度

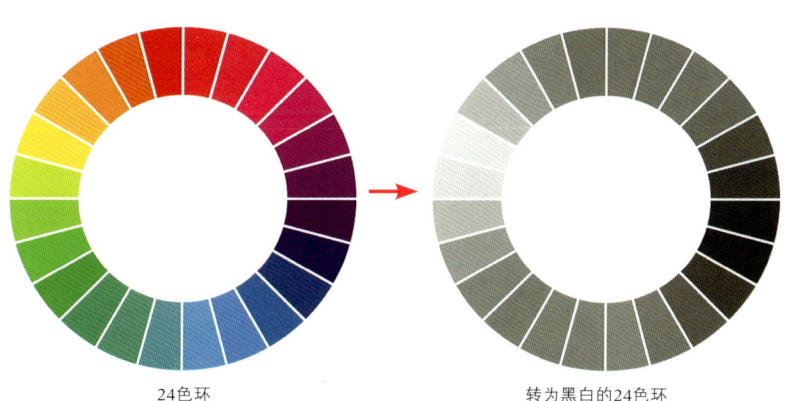

24色环　　转为黑白的24色环

当我们将色环转换为黑白色之后，便可以了解画面中哪些颜色比18%中性灰更亮，哪些颜色18%中性灰更暗。只要清楚了这些，就可以更好地对被摄体进行曝光补偿。

常见色彩的曝光补偿量

由于不同色彩的灰度是不一样的，那么下面我们就更加具体的来了解一下在正常情况对不同色彩所需要设置的曝光补偿的增减量。

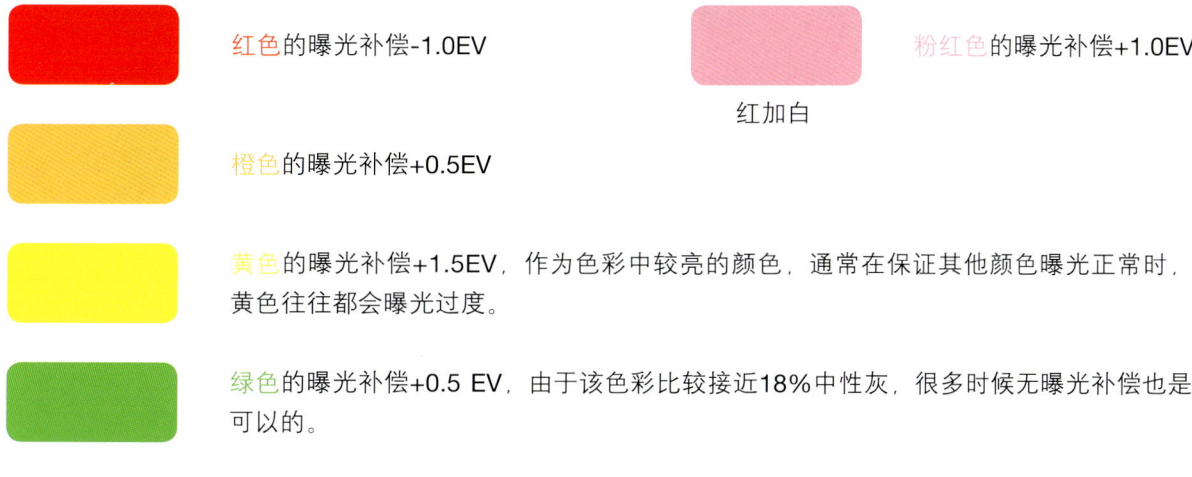

红色的曝光补偿-1.0EV

粉红色的曝光补偿+1.0EV
红加白

橙色的曝光补偿+0.5EV

黄色的曝光补偿+1.5EV，作为色彩中较亮的颜色，通常在保证其他颜色曝光正常时，黄色往往都会曝光过度。

绿色的曝光补偿+0.5 EV，由于该色彩比较接近18%中性灰，很多时候无曝光补偿也是可以的。

青色的曝光补偿0EV

蓝色的曝光补偿-0.5EV

黄褐色的曝光补偿0EV
黄加黑

紫色的曝光补偿-1.0EV

对不同颜色的被摄体进行曝光补偿后，只要被摄体的颜色偏亮，就需要我们作正向的曝光补偿；反之，只要被摄体的颜色偏暗或是色彩的灰度偏黑，就需要在我们作负向的曝光补偿。

PART 6

广告商品与家居艺术摄影

- 女人香——时尚商品
- 历史照进现实——艺术品
- 雅致·温馨——家居
- 我是美食家——美食

女人香——时尚商品

广告摄影的拍摄对象无处不在，一只戒指、一瓶洗发水或一听饮料都可以成为镜头中的焦点。生活中充满了拍摄机会，留意一些可能用得上的材料，比如一块布料、一只贝壳等它们可以做背景和道具。没有专业的灯光可以用自然光，相机内置的闪光灯也能用得上，把白纸当成一块反光板，把餐桌当成静物台，怎么样？快拿起相机、按动快门享受拍摄的乐趣吧！

基本拍摄计划

BEST PLAN

- 拍摄女性化妆品
- 拍摄女性首饰
- 拍摄女性服饰

实战操作步骤

1. 巧妙搭配拍摄化妆用品

许多拍摄者觉得拍摄化妆品,必需有昂贵的相机和镜头才可以,其实不然。要想把色彩绚丽的瓶瓶罐罐拍得美不胜收,角度的选择和灯光的控制才是更重要的。合理搭配不同材质的化妆品,抓住光线下色彩的微妙变化,尽量拍摄得清新、淡雅,这样才能体现产品的特点。

护肤品的合理摆放,也是拍摄中的关键。其中层次关系、画面平衡与色彩搭配,直接影响到画面最后的整体效果。而这一切是需要拍摄者不断练习才能掌握好的。

拍摄半透明的瓶体

很多化妆品的包装都是透明或半透明的玻璃制品。通常我们都使用柔光照明的方式来表现其质感,比如使用柔光罩或硫酸纸罩在光源处,若是使用硬光直接照明,会使瓶身产生强烈的反光,影响其质感的表现。在背景的选择上可以使用白色的静物台或渐变纸。当然拍摄者也可以根据产品的颜色来选择背景的颜色,使画面的色彩更加丰富。

柔和而富有变化的光线效果适合半透明的拍摄对象。

拍摄参数
光圈:F9.0 焦距:62mm
快门速度:1/8s
ISO:100 中央重点测光

白色的背景适合展示透明体最简洁实用的搭配。

拍摄参数
光圈：F8.0　焦距：80mm
快门速度：1/6s
ISO：100　中央重点测光

根据拍摄对象选择光源

布光表现产品造型主要是表现产品的立体感和表面形态（轮廓）。当特写或近景拍摄物体时，最好运用顺光，表现其正面质感。拍摄瓶体则应使用白色的背景纸以及带有柔光箱的照明灯，这样可以使光线柔和，避免直接照明产生的浓重阴影。

合理摆放物品让画面更具美感

拍摄口红时，若是将其立直拍成一排，画面会显得非常单调、乏味，摄影者可以以灵活的方式将其重新摆放。例如右图中将唇彩排列成圆形，形成色彩上的有趣变化。

圆形的布局带给观者饱满而充满活力的视觉感受。

拍摄参数
光圈：F9.0　焦距：105mm
快门速度：1/3s
ISO：100　中央重点测光

2. 简洁背景突出珠宝首饰

拍摄珠宝首饰是公认的静物类摄影各题材中难度较大的一种，根据珠宝首饰的材质、用途和特点，拍摄时需要不同的技巧。例如，首饰类物品容易反光，会造成曝光过度的现象，还会倒映出拍摄环境。所以在拍摄过程中，最好要把物品放置在四周颜色比较单一而且与物品本身颜色比较接近的环境里。此外，选择合适的画面背景对于珠宝首饰的展现也很重要，要考虑到首饰本身的色彩以及材质的反光程度，在拍摄时为了凸显饰品的风格，可以适当地加入一些陪体让饰品显得更加高雅美丽。

中性光可以突出饰品的质感轮廓。

拍摄参数
光圈：F4.5　焦距：70mm
快门速度：1/25s
ISO：400　矩阵测光

合理的构图表现画面均衡美

在首饰摄影的构图中，最重要的一点就是追求画面中的均衡美。这里所说的均衡并不是指完全的对称拍摄，而是要追求画面的视觉平衡，即首饰自身形态的对比、主体与陪体的对比、虚与实的对比，让它们在画面中有所呼应，达到画面的平衡与稳定。

素雅的背景色彩让画面简洁大方，对称的效果突出饰品的特点

低感光度表现饰品的细腻质感

在光线非常差的情况下,为了获得充足的曝光量和更快的快门速度,会提高ISO感光度,但是这样会牺牲画质。在摄影棚这样光照充足的环境中拍摄,建议使用较低的ISO感光度,这样可以把噪点数量减到最少,从而得到一张画面干净、画质细腻的图片。

在拍摄吊坠时适当加入项链的部分使画面更具延伸感。

拍摄参数
光圈:F2.8 焦距:6mm
快门速度:1/13s
ISO:100 点测光

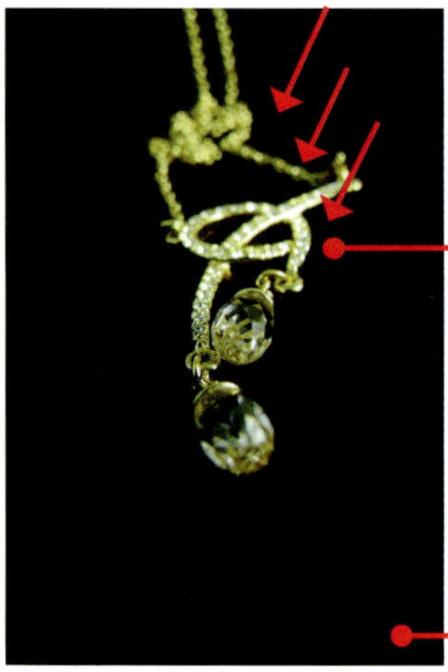

柔和的漫射光让首饰的各部分细节都得到清晰展现

黑色的背景凸显饰品的高贵气质

精确的测光十分重要

对物体直接测光的最简单方法是:将测光表放在被摄物上来回移动测光(但要注意不要把自己的影子投到上面),然后用最亮处和最暗处的平均值来曝光。对于颜色较深的物体,如黑色珍珠,应把光圈开大一两档。另外,在拍摄时,三脚架是必须要使用的,即使手持拍摄有足够的稳定度,但在相机开到最大光圈的情况下,任何轻微的焦点移动都会造成画面模糊,使用三脚架会最大程度地避免这种情况的发生。

利用背景来强化首饰的特质

红色的吸光布也是拍摄首饰常用背景之一，红色的色彩带有富贵典雅的气息，与造型复杂的手饰款式十分相配。但注意一定要选择吸光材质的背景，让色彩显得厚重而有质感。

艳丽的背景色彩也能突出饰品主体。

拍摄参数
光圈：F2.8 焦距：6mm
快门速度：1/13s
ISO：100   点测光

在合适的陪体上展现饰品更有立体感

拍摄立体感强烈、细节丰富的饰品，应将其悬挂在模具或是模特身上。这样，才能更容易凸显其形态美感，也能给观者直观深刻的视觉感受。如右图中，拍摄者将饰品挂在展示模具上，饰品本身是方形的，但模具饰品局部圆形弧线平衡了方形的尖锐感，营造出饰品柔和大方的气质。

稍侧的拍摄角度比正面角度拍摄出的画面效果更好。

拍摄参数
光圈：F5.0 焦距：150mm
快门速度：1/100s
ISO：800   点测光

PART 6 广告商品与家居艺术摄影

3. 合理用光拍摄服装鞋类

无论拍摄什么，用光都是最重要的。对于拍服饰和鞋子的搭配而言，两者在材质上往往具有相同的特性，光线的强弱和角度决定着照片质量的高低，如果不是特殊需要，一定要给予被摄的服饰和鞋子充分的光线照明。这样的优势至少有三点：第一，画面不容易虚，第二，细节清楚，第三，颜色真实。

由于衣服和鞋子所用的材质不同，用光也要有讲究。一般质感细腻的面料比较适合用柔和光，而质感粗糙的则比较适合直接打硬光，利用其表面形成的阴影突出其质感。另外需要注意的一个细节，在拍摄前，衣服由于折叠会存在褶皱，一定要先用熨斗把它烫平整，这样拍出的画面的效果会更好。

柔和均匀的布光适合清晰展现暗色主体的细节。

拍摄参数
光圈：F13.0　焦距：28mm
快门速度：1/60s
ISO：100　　矩阵测光

顶光和侧光搭配拍摄鞋

拍摄鞋子，自然的光线效果是最好的。通常将侧光向前拉，并使灯光效果变得更加柔和。而顶光明亮些则可以制造出略微的阴影，同时还能照亮鞋的内部。拍摄鞋子时，最好采用略微俯视角度进行拍摄，这样可以将鞋子的形态更完整地表现出来，从而获得很好的展示效果。另外，在拍摄时，还应该准备一块可以保持鞋面光泽和干净的柔软毛巾。

恰当的陪体让画面显得更加丰富，又具有生活气息

较低的拍摄角度能突出鞋跟的造型。

拍摄参数
光圈：F13.0　焦距：28mm
快门速度：1/60s
ISO：100　矩阵测光

改变拍摄角度展现物品细节

拍摄鞋类，较高的拍摄角度一般用于展现鞋子的整体形态，例如大小、风格等，而较低的拍摄角度因为比较靠近被摄体，所以可以突出某一个角度上的细节。需要注意的是，鞋类通常不适合从正面拍摄，这样会造成鞋面宽大的视觉感觉。

以尽量少的光源获得最佳效果

布光时，并不是灯越多越好。需尽量以最少的光源来取得最佳光效。这一点同样适用于服装摄影。当对服装进行布光时，要注意光线的方向性，避免在背景中留下影响主体表现的投影，否则画面会产生杂乱的感觉。拍摄服装最好使用中焦距镜头，因为它的透视感最自然，另外，拍摄如右图中材质比较细腻的服装时，要选择柔光。

大功率的闪光灯是服装摄影必备的工具之一。

拍摄参数
光圈：F8.0　焦距：70mm
快门速度：1/200s
ISO：100　点测光

PART 6 广告商品与家居艺术摄影

历史照进现实——艺术品

去艺术品展会或博物馆拍摄艺术品，都是在旅行中常会遇见的。由于拍摄对象大部分是静态物品，所以对于数码单反相机的要求并不高，但却需要一支较好的镜头和一定的拍摄技巧。例如拍摄一些被玻璃罩住的工艺或者拍摄墙上悬挂的画，标准镜头和偏振镜的搭配是最合适的，一方面有大光圈的保障，另外一方面镜头抗畸变和色彩还原都可以达到最佳境界。另外，还可能会使用到三脚架和独脚架，以求在弱光环境中也让艺术品轻松得到清晰展现。

基本拍摄计划

BEST PLAN

- 拍摄艺术品的细节特写
- 拍摄艺术品的群体形态
- 拍摄艺术品的不同质感

实战操作步骤

1. 细节中展现艺术品精致之美

博物馆内有许多艺术家创作的立体艺术品，相对于拍摄平面艺术品而言，立体艺术品的拍摄难度更大。针对要拍摄的艺术品应当找到其最有特点的一面；还应选择适当的背景，尽量让背景纯粹而简单，例如是黑、白、灰单色的背景，这样最简单，拍出效果也比较保险。同时最好能够使用三脚架或者独脚架拍摄，以便在长时间的曝光情况下，获得最清晰的画面效果。

> **把握闪光夹角拍摄柜中艺术品**
>
> 有人认为拍摄玻璃柜中的艺术品是不可以用闪光灯的，原因就是闪光灯一闪，就会在玻璃表面形成一片白花花的反光。其实这时你只要将相机处于一定高度俯拍柜中艺术品，使相机与玻璃之间形成一个夹角，这样在按下快门时，闪光灯的强光虽然打在了橱窗玻璃上，但是却没有进入到镜头的捕捉范围，这样就避免了反光的干扰。同样，如果在艺术品后方的玻璃上也有轻微的反光，那么就继续提高相机位置，即改变闪光入射的角度，这一点点轻微的反光便能完全避免了。

灵活使用闪光灯清晰呈现艺术品细节。

拍摄参数
光圈：F2.8　焦距：100mm
快门速度：1/20s
ISO：3600　矩阵测光

适当保持原来环境的色温增强画面的艺术效果。

拍摄参数
光圈：F2.8　焦距：100mm
快门速度：1/20s
ISO：800　矩阵测光

白平衡的设定对于室内拍摄十分重要

在拍摄室内展览时最好能携带一张白纸，在光线和色彩复杂的环境下，很难判断出该使用哪种白平衡模式，拍摄者需要对相机进行手动白平衡调整，力求准确地还原艺术品本身的色彩。但如果某些艺术品在的衬托下有更为出色的表现，那么不调整白平衡直接拍摄也是可行的。

正确选择艺术品的测光区域

在测光前，要仔细观察艺术品的各个受光面，选择从亮部到暗部过渡较为柔和自然的部分作为测光点，拍摄一张后看一下效果之后再进行拍摄参数的调整，适当地增减曝光量。

将展柜中倒影纳入画面，使画面更具真实感。

拍摄参数
光圈：F5.6　焦距：48mm
快门速度：1/20s
ISO：800　中央重点测光

拍摄具有厚重感的艺术品时，画面中最好有一定的留白。

拍摄参数
光圈：F2.0　焦距：50mm
快门速度：1/80s
ISO：400　矩阵测光

强烈的环境光适合细节比较繁杂的主体

青铜器艺术品的细节特别复杂，加上氧气的侵蚀，很多部分都已经失去了本来的面目，强烈的环境光虽然会制造浓厚的阴影，但因为背景也是深色得到缓解，强光充分照亮各部分。

顶光照射适合上部小，下部大的艺术品

2.
形态中展现艺术品形式之美

拍摄一组艺术品，最重要的是焦距的选择和构图。不同的焦距会产生不同的透视效果：长焦可以接近与被摄主体的距离，突出细节，画面也没有明显的变形；广角可以获得更宽广的视角，能够营造出很强的空间感，但会令画面产生变形。拍摄者可以尝试俯拍、仰拍等多种角度，从中选择一个你认为最好的位置进行拍摄。在拍摄时，要注意构图的平衡、饱满和留白。

精确对焦让画面更显精致。

拍摄参数
光圈：F2.8　焦距：100mm
快门速度：1/40s
ISO：1600　矩阵测光

拍摄整齐摆放的艺术品

首先需要确定要将哪几件艺术品作为主体放进要拍摄的画面内，然后拍摄者应该精心选取一个与橱窗玻璃以及艺术品稍微形成一定角度的位置，再后精确地对焦，巧妙地安排构图，利用其陈列的规律制造出纵深感，得到理想的画面效果。

大光圈长焦距适合表现艺术品

大光圈、长焦距的组合很适合拍摄艺术品。它可以造成浅景深的效果，也就是主题清晰，背景虚化的效果，在视觉上充分突出画面的主体并形成简单干净的画面效果。

大光圈营造出空间感的同时也模糊了背景。

拍摄参数
光圈：F2.8　焦距：100mm
快门速度：1/20s
ISO：400　矩阵测光

远距离利用长焦拍摄能有效降低闪光灯带来的生硬感。

拍摄参数
光圈：F2.8　焦距：100mm
快门速度：1/20s
ISO：400　矩阵测光

拍摄没有玻璃保护的金属艺术品的照片

因为金属艺术品本身高反光物体，因此需要拍摄者与艺术品保持一定的距离，闪光灯的输出强度会随着距离的增加而衰减，让艺术品呈现出比较自然的姿态。

多重曝光带给观者别样的视觉感受。

拍摄参数
光圈：F2.8　焦距：100mm
快门速度：1/20s
ISO：1600　矩阵测光

采用实焦和虚焦完成两次拍摄

静物或者艺术品的多重曝光拍摄，可以采用变换焦距的方法进行两次拍摄，一次使用实焦拍摄，一次使用虚焦拍摄，如图所示，照片分别为实焦和虚焦两次曝光拍摄的效果，在实焦拍摄过程中曝光时间可以多些，而虚焦拍摄时则曝光时间少些。

3. 光线中展现艺术品质感之美

要想能完美的对博物馆内珍藏的艺术品进行拍摄，大家需要熟悉光线照射角度和反射角度的关系，才能在使用闪光灯的前提下拍出其真实而自然的质感效果。使用闪光灯拍摄时会在艺术品后方的玻璃上出现轻微的反光，不过只要提高相机位置，即改变闪光入射的角度，就避免这一点轻微的反光。平时，大家只要事先在家里对着玻璃多练习几次，就能很快地掌握这项要领。另外，依旧要强调手持相机的功夫，在光线条件微弱并不能使用闪光灯的情况下，稳定地把持住相机也是另一个能保证拍摄成功的重要前提条件，如果做不到这一点，最好准备三脚架。

尽量靠近被摄体

从严谨的角度来说，为了防止艺术品在画面中的产生变形，使用标准镜头拍摄是最为合适的。标准镜头本身不易改变焦距，另外在拍摄玻璃内的艺术品时，最好能将镜头紧贴在干净光滑的玻璃表面上，这样可以有效地消除玻璃上的反光和脏点。

正面拍摄轮廓立体的艺术品

拍摄艺术品时，对于拍摄角度的要求也很高，大多数情况下，从艺术品的斜侧面或者正侧面的角度拍摄，可以更加突出艺术品的整体轮廓。

柔和的顶光细致地刻画出了艺术品表面的纹理。

拍摄参数
光圈：F2.0　焦距：50mm
快门速度：1/15s
ISO：400　矩阵测光

在复杂的光线条件下找到最佳的展现角度。

拍摄参数
光圈：F2.0　焦距：500mm
快门速度：1/25s
ISO：400　矩阵测光

对木制品可以选择中性光和正面角度

拍摄陶俑、木头人偶等直立姿态的艺术品大多都采用正面角度拍摄，最好是使用中性光从被摄体前侧方照射，这样，既可以艺术品的姿态又凸显其立体感。如木质品这样的吸光材质在拍摄时要注意曝光的设置，画面的效果可能比肉眼看见的更暗，因此需要适当增加曝光量。

以暗色背景突出主体色彩

瓷器的表面具有光滑的质感，拍摄时大多不能完全避免反光，采用暗色背景则能有效让主体的色彩得到突出，即使有一些细小的反光点也不会受到影响。

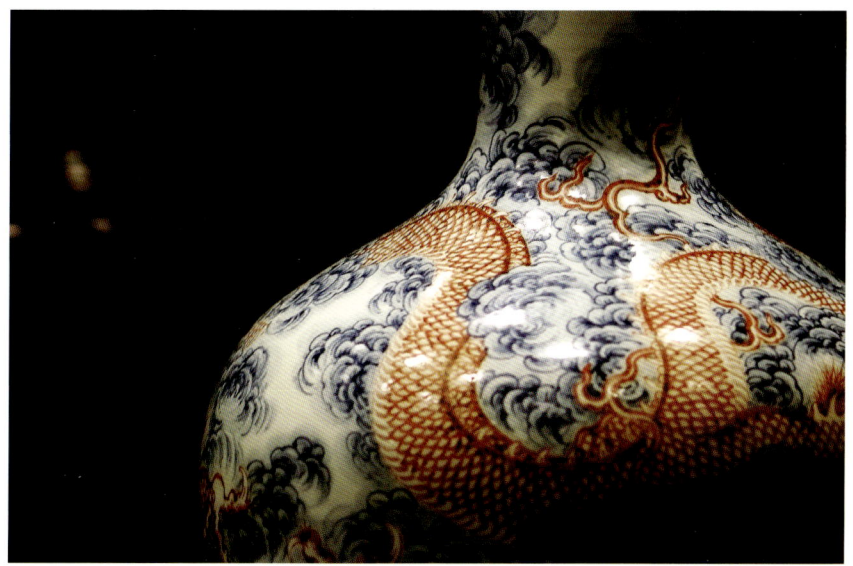

拍摄瓷器时，要注重对其色彩进行还原表现。

拍摄参数
光圈：F2.8　焦距：100mm
快门速度：1/60s
ISO：400　矩阵测光

雅致·温馨——家居

　　家居用品摄影是静物摄影的种类之一，其中包含对家具、生活用品、家居装饰等物品进行拍摄。拍摄与家居有关的摄影题材，用精练的拍摄手法塑造深刻的内涵是十分重要的，优秀摄影师甚至可以通过照片给家居物品赋予独特的"性格"。

　　要拍摄干净而富有韵味的画面，在静物摄影中尤其需要光线和拍摄角度的配合，另外，背景的烘托也有很大的影响。总的来说，拍摄家居用品总是以特写为主，或突出质感，或营造氛围，不同的主题有不同的侧重点，在拍摄时要巧妙把握。

基本拍摄计划

BEST PLAN

- 拍摄能够展现家居用品质感的画面
- 拍摄时利用不同光线营造家居氛围
- 拍摄家居用品时展现空间感
- 拍摄家居用品时色彩的搭配和图案的创意

实战操作步骤

1. 不同的光质描绘出物体不同的质感

质感是静物摄影的表现重点，同样也是家居摄影的表现重点。要将家居用品的质感表现出来，除借助于某些道具外，关键在于用光。对于表面比较粗糙的木、石材质，多采用侧逆光拍摄，同时用硬光塑造其硬朗质感；而对于表面光滑的材质，如杯具、瓷器宜使用正侧光拍摄，并注意用光柔和，在瓶口转角处要保留高光，在有花纹的地方应尽量减少反光；而对于藤编制品和脉络比较精细的用品的拍摄，则要用中性光展现亮部和暗部层次，大多以侧光拍摄；对于皮革制品通常也要使用柔光拍摄，通过皮革本身温和的反光体现其质感。

拍摄参数
光圈：F4.0 焦距：6mm
快门速度：1/8s
ISO：200 矩阵测光

> **用中性光展现暗色物体**
> 采用具有一定硬度的中性光对暗色物体进行打光，更凸显出物体上亮部和暗部的层次，让物体的立体感和质感都有所体现。

从高光的朝向判断光线方向。

漫射光充分展示细节，带来逼真的视觉感受。

拍摄参数
光圈：F4.8　焦距：32mm
快门速度：1/5s
ISO：200　点测光

漫射光适合展现质感强烈的物体

对于质感强烈的物体，采用中性光或硬光拍摄容易在画面中形成过重的阴影和突兀的感觉，所以稍微柔和一些的漫射光更加适合强烈质感物体的展现，这样所拍出的画面可以带给观者自然、逼真的视觉感受。

用标准曝光拍摄纯色毛料

拍摄纯色毛料的物品，如果采用相机中显示的标准曝光值，浅色系的物体就会过曝，深色系的物体则会欠曝，这样都会影响物体的层次展现。所以拍摄纯色毛料物品应灵活使用曝光补偿功能。

顶光投射出阴影，凸显毛料层次。

拍摄参数
光圈：F4.0　焦距：18mm
快门速度：1/30s
ISO：100　点测光

2. 运用色调赋予家居"性格"

在针对家居环境的拍摄中，拍摄者首先要了解其家装风格以及光线情况，以便正确选用摄影器材。这一点很重要，比方说，如果被摄家居风格是以中式为主，色调往往会比较浓重，并且吸光材料较多，光线大多不太明亮，所以在拍摄前就要考虑是否需要配上几盏辅助闪光灯，以打造出更好的整体氛围。对于简约现代的家装风格来说，色调会以淡色系或灰色系为主，光线的条件大多也比较好，拍摄时就应该尽量以自然光和环境光为主、闪光灯为辅的方式进行拍摄。这样，所带的器材就会有所不同。此外，拍摄时还要设置合适的色温与家居环境相搭配。

合理利用家居中的反光材料

镜子、金属材料、光滑的墙砖地砖等都是家居环境中常见的反光材料，其中许多材料不仅能反射光线，还能反射出人的倒影。但在拍摄时，拍摄者常常会忽略掉这些不易被发现的"穿帮"细节，所以在拍摄前就应该仔细观察自己所要拍摄的家居环境，充分利用反光材料为画面营造合理的曝光和光影效果，而且保证画面中不会出现自己的影子。

灰色调凸显优雅、简洁、时尚的感觉。

拍摄参数
光圈：F8.0　焦距：40mm
快门速度：1/60s
ISO：200　点测光

暖色调描绘出居室富贵、喜庆的感觉。

拍摄参数
光圈：F11.0　焦距：58mm
快门速度：1/40s
ISO：100　矩阵测光

采用对应色温拍摄家居环境

拍摄不同风格的家居环境，也应该相对应地设置相机中的色温来加强家居氛围。上图是暖色调的家居环境，所以选取较低色温加强暖色调的效果。

3. 搭配色彩给家居增添更多亮点

在家居装修中，如果想在一个房间里使用多种色彩，则需要在对比柔和或强烈的组合方式中选择其一，对于家居摄影的色彩选择也是一样的道理。通常同一色系的颜色能达成极好的和谐效果，比如黄色系中，淡黄色、土黄色、橙色相配起来就比较和谐。在色谱中互相对立的互补色的组合则会形成视觉冲击力强烈的对比，例如红与绿、紫与黄。

家居环境中常常会出现众多的色彩元素，在人的视觉上这种多样性可能不会造成影响，但将其呈现在画面中时，这种影响就会显现出来。拍摄家居环境时，如果不好把握色彩，则可以采用"从局部到整体"的拍摄方法，即先拍摄简单的色彩组合，再一点点改变取景加入其他的色彩元素。在画面中尤其要注意背景和家具等面积较大的物体的颜色搭配，如果是同色系的大面积色块就需要利用对比色来提亮画面。

简单的颜色搭配突出简洁明朗的画面效果。

拍摄参数
光圈：F4.0　焦距：6mm
快门速度：1/20s
ISO：400　矩阵测光

较为柔和的对比色搭配给人舒适印象

淡绿色背景和淡粉色花卉装饰物的搭配，既符合人们对于自然的印象，又带来清新宜人的画面感受，让观者联想家居环境是否也同样如画面中的感觉一般舒适。

多段斜线构图元素带来蓬勃、伸展的画面感觉

在对植物类的家居物品的拍摄中，向上的斜线构图是常见的手法之一，给观者带来充满希望、生命力蓬勃的感觉，在家居环境中也有较好的寓意。

采用装饰较为复杂的背景拍摄装饰性植物

无论是家居种类植物还是装饰类植物，其本身的色调都比较自然，色彩饱和度也较低。因此在拍摄此类物品时，要避免强光直射或者背景杂乱，否则会影响主体色彩的展现。此外，竖条纹类型的壁纸和对比色彩强烈的背景也不适合此类斜线性的物品的表现，当主体色彩较为淡雅时，应该选择淡雅的背景和陪体与其相配。

亮丽的色彩让画面更加生动。

拍摄参数
光圈：F2.8　焦距：30mm
快门速度：1/15s
ISO：200　矩阵测光

留意居室中特别的灯光效果

在拍摄家居环境时，灯光效果是表现重点，但它也常常被观者所忽略。灯光对于画面的影响是巧妙的，其中包括色调以及明暗的变化。拍摄整体色调比较深沉的家居风格，利用灯光的效果点亮画面，不仅能让照片更加亮丽，也能带给观者温馨柔和的居家气息，留下美好的印象。

4. 利用多角度线条展现家居空间

为了表现家居的艺术美，摄影构图的所有法则在这里同样适用，不过也有一些需要格外注意的地方。拍摄大场景时，往往选择房间的一个角落，能展现出墙、窗户以及尽可能多的室内场景。最简单的构图方式是对称式构图，这种构图单纯、简洁而且大气。影像中的主要元素沿着1/3黄金分割线来布局，将画面中的视觉中心放在黄金分割点上。

利用镜子的反射制造出空间感。

拍摄参数
光圈：F8.0　焦距：32mm
快门速度：1/30s
ISO：200　矩阵测光

线条和几何图形占据了重要地位

因为家居摄影的特殊性，拍摄时更要注意画面中线条的布局。垂直线表现了家居环境的高度，水平线形成对平面的支撑，斜线为画面引入了强有力的方向感和动感。右图中，拍摄家居环境中的一个角落就出现了可以表达空间的多种线条，再加上镜子元素的出现，更为画面增加了空间感。

使用广角镜头拍摄展现更广阔的店内空间。

拍摄参数
光圈：F5.6　焦距：32mm
快门速度：1/60s
ISO：200　矩阵测光

均衡的画面分割适用于家居摄影中绝大多数场景

均衡法法构图是适合绝大多数摄影作品的构图方法，也是构图形式中比较传统经典的一种，因此十分适合家居摄影这种主要传达平和温馨感觉的摄影题材。画面中间左右对称的两条水平斜线将画面分割成为了对称的两部分，虽然在画面中的分割意味并不明显，但还是带来了匀称稳定的心理感受。

放射线元素使画面更有纵深感

如右图中的线条指示，拍摄者选取走廊的画面拍摄，拍摄具有放射性的线条，制造出空间的透视感。

广角镜头收录更广阔的视角

拍摄家居环境时，常常由于室内空间的限制而无法拍摄出家居环境的全景，此时我们最好使用广角镜头进行拍摄，以保证能够纳入更广阔的空间。

放射性线条制造空间感和延伸感

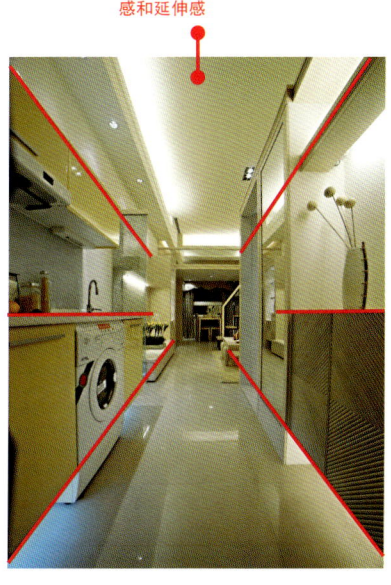

5. 独特眼光捕捉家居用品的抽象图案

世界中的物体在我们的眼中尽管都是具象的，但是所有构成具象的局部或者细节都是抽象的。只是我们平时不注意发现细节中的抽象美。所有能够隐去原来物象面貌的局部和细节，都可以形成抽象图案。拍摄下这些由光与影、明与暗、点与线、色彩与肌理所组成的画面，就是抽象摄影作品。

同样，家居装饰中有众多的图案元素和灯光效果，如果我们稍加注意的话，就会发现这些不太起眼的小东西会成为镜头中有趣的抽象图案。由于相机拍出的图像是平面的，因此它比实际生活中的景象更能"欺骗"人的眼睛，利用好这一点，即使我们拍摄自己的家也能拍到不错的抽象画面。

想让画面看起来比较抽象，首先需要不同于正常画面的曝光，根据拍摄对象决定画面较暗或者较亮，让艺术效果更加强烈。另外采用开放式构图拍摄局部比拍摄整体更能突出抽象效果。

利用明暗对比组成抽象画面

灯具上的小灯泡呈圆形分布在画面中，营造活泼轻盈的感觉。灯具的线条以曲线为主，随意扭曲的线条具有生活气息，拍摄发光的小灯泡增添了优雅柔美的画面感。画面的背景接近于黑色，使画面更有神秘的气息，使灯具看起来像自然界的某种生物。亮部和暗部完美搭配，让画面看起来简单又不失美感。

具有装饰性的灯光效果带来抽象的感觉。

拍摄参数
光圈：F8.0　焦距：32mm
快门速度：1/30s
ISO：200　矩阵测光

拍摄隔断上的局部图案，带给画面神秘的感觉。

拍摄参数
光圈：F8.0　焦距：32mm
快门速度：1/30s
ISO：200　矩阵测光

使用闪光灯为画面增加气氛

拍摄具有异域风情的装饰图案，将主要图案用闪光灯打亮，并让画面中心由明到暗向四周过渡，具有电影画面的写意效果。简单的色彩因为光线的辅助产生了变化，而材质表面的反光也产生了更多的画面层次。让画面看起来更丰富。

黑白单色调搭配更有抽象写意效果。

拍摄参数
光圈：F8.0　焦距：32mm
快门速度：1/30s
ISO：200　矩阵测光

使用平面的角度表现被摄体

上图是完全正对墙面将装饰贴纸拍摄下来，这种拍摄角度最大限度地避免了阴影的出现，没有立体感的画面更加有抽象感。

PART 6 **广告商品与家居艺术摄影** | **297**

我是美食家——美食

无论是在日常生活，还是周末聚会，美食都是我们生活中十分重要的一个部分。尤其是当我们去某些比较有特色的餐厅就餐的时候，看到一些精美的食物，就会有拍摄下来给自己留下一个美好回忆的冲动。拍摄美食的时候，一定要把细节凸显出来更让人感受到食物的精美，所以拍摄美食最好选用微距功能较好的相机。除此之外，很多漂亮的菜式都要拍出其完整的外形，如果条件允许，尽量用较大像素去拍摄，这样的话如果当时构图不好后期还可以裁剪，得到最佳的效果。让一些看似平凡的菜肴，通过各种拍摄手法，展现出不同于日常生活时的独特趣味。

基本拍摄计划

BEST PLAN

- 用不同的角度拍摄美食
- 用不同的背景烘托美食
- 用不同的色温表现美食

实战操作步骤

1. 灵活运用各种角度拍摄美食佳肴

拍摄美食同样需要合适的拍摄角度与巧妙的构图技巧，在见到美食前，不能仅是将它记录下来，还要动脑思考怎么拍才能更诱人，或者你拍美食的目的是什么，然后再进行构图拍摄。

一张好的美食摄影图片，最重要的是要将食物表现得鲜美诱人，如果只是简单的把食物连同餐具工整地拍摄下来，让我们只看见了食物的本身，没有体现出美食的任何特点，便没有拍摄的意义了。其实我们可以灵活地变换拍摄角度，只拍摄菜品的局部，表现出一盘菜品中最漂亮的几块主食，或是连同美味菜肴和漂亮餐具一同拍下，让观者从画面中获得更多联想。

从正上方俯拍充分展现美食的全貌。

拍摄参数
光圈：F14.0　焦距：45mm
快门速度：1/125s
ISO：100　　点测光

中心式构图是俯拍常见的构图手法

让菜肴的摆放方式增强构图感觉
拍摄者在拍摄前对菜肴的摆放方式进行过仔细观察，食材的形状既可以看作是发散状的线条也可以看作是向心状的线条指向，俯拍增加了圆形构图中的变化，画面显得更活泼。

侧面角度拍摄让美食的形状更加立体。

拍摄参数
光圈：F14.0　焦距：45mm
快门速度：1/125s
ISO：100　点测光

光线的选择很重要

拍摄美食时如果可以选择的话，自然光是最好的光源，如果可以的话，在户外拍摄也非常不错，不过若只能在室内，那么就找个靠窗的位置，光线越足的地方就是拍摄效果越佳的地方。从侧面拍摄菜肴，会让光线充分描绘出食品的轮廓和层次，使之更具美感。

避免使用闪光灯

拍摄美食的时候应该尽量避免使用闪光灯，因为使用闪光灯很容易破坏美食的细节，破坏美食原本的颜色，如果光线条件太差，不得不使用闪光灯，那么最好避免闪光灯直射在美食上，让光线尽量的柔和。

形状圆润的美食也适合从侧面拍摄。

拍摄参数
光圈：F9.0　焦距：45mm
快门速度：1/125s
ISO：100　点测光

2. 变换不同的背景让菜肴更有新意

拍摄前，在对美食做造型设计时，不能忽略对背景的选择。尽可能使得背景与食物的颜色产生对比，不要使用与食品颜色过于相近的背景。打个比方，如果拍摄放在红色盘子中的草莓，画面效果一定不会很好。此外，背景也要干净。如果你不敢确定，那么就用一只最简单的白盘子来盛放美食。

美食摄影中的色彩搭配也很重要。如果大家能够留意一下高档酒楼里的菜式，就会发现厨师在把菜做好之后，一般会加一些青红辣椒或装饰用的鲜花。原因很简单，就是想让美食的颜色更为丰富。所以在拍的时候，对美食进行色彩搭配也很重要，如果画面上只是清一色的红色或者绿色，肯定不如不同色彩相互搭配来的有吸引力。

白色背景有助于展现食物本身的色彩和形态，给人清爽干净的感觉。

拍摄参数
光圈：F11.0　焦距：40mm
快门速度：1/200s
ISO：200　　自动测光

○ 背景的搭配宁简勿繁
画面的效果不仅取决于主角的表现，同样要取决于配角的表现。因此，在拍摄时应该注意美食与餐具的搭配。不过如果食品本身的搭配或者色彩组合已经很完美了，那就不需要再在画面中加入其他陪体，尽量保持背景简单干净。

✕ 不注重背景的搭配拍摄食物
有些人拍摄时太过专注于拍摄的主体，而忘记了背景里某些杂物的干扰。一定要注意背景，将任何所不需要的元素都剔除出去。尽量让背景简洁突出拍摄主体。

黑色背景在带来正式、庄重感的同时也有助于突出菜肴的质感。

拍摄参数
光圈：F10.0　焦距：45mm
快门速度：1/125s
ISO：100　中央重点测光

使用小道具帮助菜肴的展现

美食的最佳拍摄时间是出炉后的3~5分钟，但是并不意味着拍摄者就能在这段时间里得到好照片，可以借助一些方法帮助美食保持新鲜健康的感觉。例如，图中在拍摄时采用黑色背景，体现出美食新鲜出炉、热气腾腾的感觉，这样的画面效果可以让观者仿佛感受到美食的香气扑鼻。

特殊技法让食物更垂涎欲滴

最典型的例子是在拍摄水果时，在水果的表面涂上一层薄薄的油脂，然后再喷洒水雾，这样就会使水果产生鲜美晶莹的效果。而若想增强食品热气腾腾的效果，可以在全部的布光完成后，找一根细的吹管将香烟的烟雾吹入食品的内部，等烟雾上升到最佳的状态时及时按下快门。

多样化的构图元素让画面不再单调，三角形和圆形配合也显得疏密有致

独具特色的桌布为美食增添了一些民族风情。

拍摄参数
光圈：F8.0　焦距：50mm
快门速度：1/100s
ISO：100　中央重点测光

让花纹繁复的背景平衡简单的菜色

前面我们已经说过，背景最好能与菜色的布置形成对比，这种对比不仅体现在色彩关系上，也可以体现在疏密关系上。具有反差的画面更容易在视觉上吸引观者的注意。

合适的陪体为画面加分

拍摄美食不同于拍摄风光、人文照片，却与拍摄人像有几分类似。人像摄影里的化妆、造型、动作，都可以用于美食拍摄。比如，美食摄影中，合适的陪体就像人像摄影中的服装，起到烘托的作用，可以让画面更加具有趣味和观赏性，引发观者的联想。

同一色调让画面具有和谐的美感。

拍摄参数
光圈：F8.0　焦距：50mm
快门速度：1/100s
ISO：100　自动测光

3. 改变色温让食物看上去更加美味

拍摄食品就相当于拍摄静物，对于光线和色温同样有着一定的规则可循。

一些常用光源的色温：中午阳光为5500K，钨丝灯为2760～2900K，荧光灯为3000K，闪光灯为3800K，电子闪光灯为6000K，蓝天为12000～18000K。根据上面的数据可以看出，在色温越高的环境下，拍摄出来的画面就越冷，在色温越低的环境下，拍摄出来的画面就越暖。大部分情况下，拍摄前要根据实际环境设置出相应的色温，拍出与肉眼观看效果相近的画面。但有时也会故意增加或减少色温的设置，按照拍摄者的创作意图有目的地调节色温，以达到渲染画面的效果。

> **高色温拍出冷调效果**
>
> 画面以蓝色调为主，给人一种冬天里的阳光照射在物体上的感觉，我们称这样的画面为冷色调，画面的色温是高色温。在美食摄影中，用高色温拍出的画面显得比较冷静、相对也较真实。它对于展现食品真实的色彩是最适合不过的。但如果拍摄者想在画面中加入一些主观的感受，就可以让色温变得更高或者更低，表现出不同的画面效果。

冷色调的画面带给观者清爽、清新的观赏感受。

拍摄参数
光圈：F10.0　焦距：45mm
快门速度：1/125s
ISO：100　点测光

暖色光源更适合拍面包、蛋糕等质地较为蓬松的食品。

拍摄参数
光圈：F6.3　焦距：45mm
快门速度：1/80s
ISO：100　中央重点测光

低色温拍出暖色调效果

画面以黄色调为主，并给人以温暖的感觉，我们称这样的画面为暖色调画面，画面的色温是低色温。在很多情况下，美食都是在钨丝灯照明环境中的室内拍摄的，这虽然让食品颜色表现得不那么准确，但却能给人温暖、很有食欲的感觉，也会让食品的光泽更加诱人。

根据不同的食品材质
选择不同的色温拍摄

有许多食品其实是有固定适合的表现色温的，例如低色温适合拍摄烘焙类的食品，高色温适合拍摄饮料啤酒之类的饮品。只有不断地进行尝试，才能快速地掌握其搭配方法。

暖色光源更容易制造出温馨、温暖，令人放松的感受。

拍摄参数
光圈：F10.0　焦距：45mm
快门速度：1/125s
ISO：100　点测光

拍摄总结
广告商品与家居艺术摄影

白平衡与色温之间的关系

白平衡与色温是相互关联、密不可分的。其实从某种程度上可以将这两者看为一种互补的关系。色温是表示光源光色的尺度，单位为K（开尔文），即定量以K（开尔文）来表示色彩。

白平衡是数码单反相机针对不同色温的光源，进行一定程度的负补偿，使被摄体还原成真实的色彩，即让白色依然呈现为白色，而不受光源色彩的影响。

■ 了解不同光源的色温

不管在什么样的光源照明下，人眼都具有独特的适应性，使我们有的时候不能发现色温对颜色的影响。比如，在钨丝灯下，我们并不会觉得钨丝灯照射下的白纸偏红，所以我们有必要了解不同光源的不同色温。

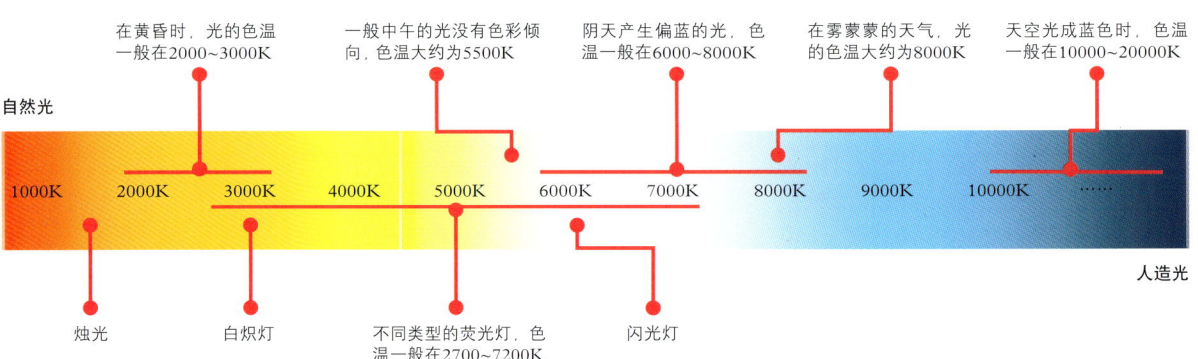

■ 了解相机中白平衡色温值

在胶片时代，胶片不能像人脑一样对不同光源下的颜色自动适应。但在当前的数码时代，数码相机的感光元件可以通过图像处理芯片成功地对不同光源照射下的物体色彩进行还原。

尤其是在广告商品与家居艺术摄影中，更应当严格地控制画面色温，准确地还原被摄体的色彩。

为了针对不同的色温设置出合适的白平衡，我们需要对相机的白平衡设置参数进行了解。

白平衡模式	色温（K：开尔文）
自动	3500~8000
白炽灯/钨丝灯	3000
荧光灯	4200
直射阳光	5200
闪光灯	5400
阴天/多云	6000
阴影	8000
选择色温	2500~10000
手动预设	—

合理地运用白平衡

在了解当前环境中光源的色温之后，拍摄者可以设置与当前色温相对的白平衡来进行拍摄，基本都能获得不错的色彩还原效果。

荧光灯白平衡

在室内环境中，台灯及其他室内灯所使用的灯泡类型大都是节能灯或LED灯，即荧光灯的范畴。因此我们可以直接使用荧光灯白平衡，便可以获得不错的色彩还原。

> **TIPS**
> 在不改变曝光参数的前提下，使用不同的白平衡，所得到的画面效果也不相同。

直射阳光白平衡

使用色温高于荧光灯的直射阳光白平衡，画面色彩会变暖。

白炽灯白平衡

使用色温低于荧光灯的白炽灯白平衡，画面色彩会变冷。

但并不是将所有被摄体完全真实地呈现在眼前都是合适的，并且很多拍摄者为获得更具特色的图像效果，还故意让画面的色彩有一点偏差，当然这

也是可以通过对相机白平衡的设置来实现的。拍摄者可以分别做蓝色←→琥珀色、绿色←→洋红色四个方向的调整以达到效果。

如美食摄影，我们就可以将画面拍摄成略微暖一点的色调，这样食品会显得更加诱人。

如果设置成正常的白平衡，拍出的画面色彩虽然得到了很好的还原，但对于美食摄影而言，偏冷的画面效果并不理想。

柔光棚与背景的搭配

对于广告商品与家居题材的摄影而言，一些小型商品可以直接在柔光棚中拍摄，而对于较大的家居用品则需要在较大的空间内使用背景布拍摄，甚至是直接在实景环境中拍摄。

柔光棚

对于小型商品的拍摄，直接使用小巧的柔光棚就可以了，柔光棚体积小又便宜，使用起来十分方便。不过市面上众多类型的柔光棚，它们在使用方法上都有一定区别。

方形柔光棚

方形柔光棚

这类透光棚携带方便，平时不用时可直接折叠起来，只相当于一个手提袋大小，非常便于收纳。一般还备有黑色、白色、蓝色和红色四种颜色的小型背景布，便于与不同颜色的被摄体搭配拍摄。

由于采用方形设计，难免会在面与面的交接处出现明显的缝隙，因而使用时需运用镜头调整更小的视角范围来进行拍摄，以避免背景中的接缝对画面造成影响。在布光时，只能从被摄体的左边、右边和上边打光。

弧形柔光棚

弧形柔光棚在设计上去除了方形柔光棚中的一些棱角，并且每个面都是相同的颜色，可以为商品的拍摄提供更干净的背景。

和方形柔光棚相比较，弧形柔光棚不仅可以从左右两侧打光，还能从被摄体的背面进行补光，为拍摄提供了更多布光的可能，以达到更有创意的拍摄效果。

> **TIPS**
> 由于柔光棚本身就有柔光的效果，拍摄者在拍摄时，可以任意使用持续光灯或者闪光灯。不过为了画面的效果还是建议使用闪光灯。

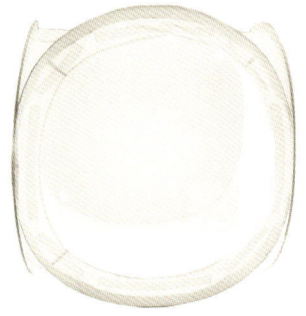

弧形柔光棚

黑白弧形柔光棚

黑白弧形柔光棚

这类柔光棚采用黑白相间的设计，看似可能不会很好地达到柔化光线的作用，其实黑白相间的设计是有其特殊作用的。

其中白色部分便于拍摄者打光，并起到柔化光线的作用；而黑色部分可以起到阻挡光线的作用，在被摄体上留下阴影并避免反光。这样的柔光棚是专门针对如餐具等金属类被摄体的拍摄而设计的。

因为金属物体的质感是需要高反差的手法来表现的，所以白色透光与黑色遮光的组合正好满足这类物体的拍摄需求。

圆锥形柔光帐

圆锥形柔光帐

这类柔光帐采用圆锥形的设计，除了相机的拍摄入口，被摄体处于一个真正无缝的空间内。

这样可以极大地降低布光难度，提高拍摄工作的效率。不论拍摄者从哪个角度进行布光，柔光帐内都能够形成均匀的柔光，并且光色也始终如一。

柔光帐侧面所设计的拉链可以完全打开，便于摆放被摄物体。而长条型的拍摄窗口设计便于将镜头置于其中，从高低不同的角度进行拍摄。

■ 静物台

静物台需要搭配柔光灯一起使用，所以在拍摄时在布光上花费的精力会比较多，不过对一些小型静物、商品的摆放布置却很方便。

静物台的背面和底面都是由透光材料制成的，所以在拍摄时，可以从静物的四面八方进行布光，任意营造自己想要的灯光效果。

静物台

TIPS

以上几类柔光棚体积较小，因此对于被摄体的体积和布光方式都有所限制。拍摄者在选购及使用前要考虑好所拍摄的静物、商品是什么类型。

■ 人造背景

对于像家具这样大型物品的拍摄，就不能再靠小小的柔光棚来解决了，而是必须要搭建大面积的背景或在实景中拍摄。

背景板

背景板

除了反光板、透光板之外，还有用来作为背景的背景板。

不过它的大小尺寸也有一定的限制，因而在使用时，也只能作为中小型静物的拍摄背景。

背景布

背景布的面积往往比较大，因而可以作为家具等大型物品的拍摄背景。

若拍摄者觉得背景布的颜色过于单一，还可以用画笔在背景布上绘制图案，营造出不同的场景氛围。

TIPS

为了表现商品的特色，让它们真正融入生活是一种不错的表现手法。所以摄影师也常常会直接实景拍摄，不过这时需要拍摄者更加仔细地思考布光和取景角度。

背景布

相机与器材附件的清洁保养

我们要熟知一些常见的清洁工具,才能更好地对器材进行清洁与保养。

常见清洁工具

气吹

主要用来吹去器材表面的灰尘颗粒。

毛刷

主要对器材表面的灰尘颗粒进行扫除。尽量不要对镜面等成像部分进行扫除,一旦毛刷过硬会对器材造成划痕。

擦镜纸

一次性用品,可以直接擦拭镜头的镜面,也可结合清洁液对镜头表面进行擦拭。

镜头布

可以重复使用,材料的差异性较大,往往用来擦拭器材表面的污渍。

镜头笔

镜头笔通常是毛刷与专用镜头清洁笔组合而成,在购买镜头笔后,还可以不用购买毛刷。镜头笔的非毛刷端可以直接擦拭镜面,不过有一定的使用次数限制。

清洁液

专用的清洁液可以结合镜头纸或棉签对镜面进行很好的清洁。但如果不能确定清洁液的质量,最好不要直接用来清洁镜面。

气吹　　　　毛刷

擦镜纸　　　镜头布

镜头笔　　　清洁液

机身表面的清洁保养

清除机身表面污渍

可以用镜头布来擦拭LCD液晶屏及机身上其他部位的污渍。

清除机身表面灰尘

可以使用气吹或毛刷对机身外表面和缝隙处的灰尘进行清除。

■ 镜头表面的清洁保养

清除镜头表面灰尘

镜头作为重要的光学成像元件，对其表面的清理，往往需要先使用气吹吹去镜头上的灰尘颗粒。

清除镜头表面污渍

随后用镜头清洁液，或者直接使用镜头笔对镜面的污渍进行擦除。

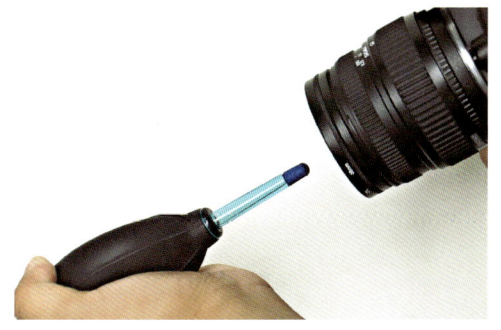

TIPS
在用擦镜纸或镜头笔擦拭镜面时，应当采用由内向外画圆的方式擦拭，这样可以将镜面中央的污渍或灰尘清理到镜面的最外沿，并且可以保证擦拭的地方不会再次受到污染导致影响成像质量。

■ 机身和镜头内部的清洁保养

清洁机身触点

我们同样需要定期使用镜头纸、镜头布或棉签直接擦拭机身上镜头卡口处的触点，以避免相机与镜头接触出现问题，导致无法正常拍摄。

清洁镜头触点

定期使用镜头纸、镜头布或棉签直接擦拭镜头后端的触点，以确保镜头与相机接触良好。

清除反光镜上的灰尘

在取下镜头之后，可以使用气吹对反光镜上的灰尘进行吹除。不过对机身内部清洁时，最好将卡口朝下，降低灰尘重新落入机身内部的可能性。

清除感光元件上的灰尘

目前市面上的数码单反相机大都具有感光元件自动除尘功能。对于顽固的灰尘，可以在反光镜升起后，用气吹手动进行吹除。

中青雄狮数码传媒 · 数码摄影图书推荐

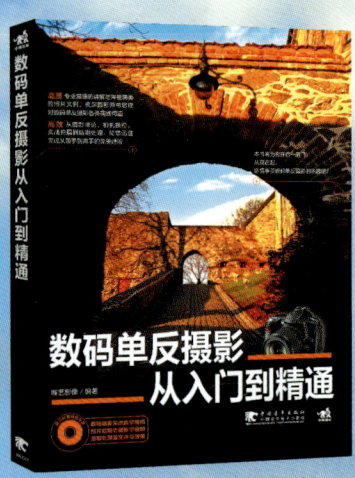

数码单反摄影从入门到精通
铜版纸全彩印刷 / 69.00元（含1CD）

摄影构图从入门到精通
铜版纸全彩印刷 / 59.00元（含1CD）

风景摄影从入门到精通
铜版纸全彩印刷 / 59.00元（含1CD）

**Canon相机100%
手册没讲清楚的事**
铜版纸全彩印刷 / 49.00元

摄影构图圣经
铜版纸全彩印刷 / 69.00元
（含 1CD+ 跑焦测试器）

国际风光摄影教程
铜版纸全彩印刷 / 55.00元

网络销售商
■ 当当网　http://book.dangdang.com　■ 卓越网　http://www.amazon.cn
■ 中国互动出版网　http://www.china-pub.com
■ 一城网　http://www.001town.com　■ 博库书城网　http://www.bookuu.com
■ 四川新华文轩　http://www.xinhuabookstore.com

地址：北京朝阳区东四环中路 78 号大成国际中心 9A02 号　电话：010-59521188 / 010-59521189　传真：010-59521111　邮编：100124